余德生◎著

U0728569

室内设计方法与应用

中国纺织出版社有限公司

内 容 提 要

本书从探究室内空间设计的理论与实践应用方法的角度出发，以空间设计的概念与实施相结合关系为切入点，从设计方案的前期调研、初步设计、细化完善、综合设计应用、设计的现在与未来思考等方面深入解剖室内设计应用的思路与方法，通过对室内装饰材料、施工工艺等知识的讲解，真正体现知识的新、精、全等实用特点。本书为避免知识点的枯燥无味，通过大量的手绘设计图、漫画、模拟效果图等方式对专业的知识进行生动具体的描述与剖析，加深读者对知识点的理解和记忆。

本书可作为相关领域的专业设计人员、研究人员和业余爱好者的参考读物，同时也可作为高等院校设计专业教学使用。

图书在版编目（CIP）数据

室内设计方法与应用 / 余德生著 . -- 北京：中国
纺织出版社有限公司，2023.9
ISBN 978-7-5229-0832-8

Ⅰ . ①室… Ⅱ . ①余… Ⅲ . ①室内装饰设计－研究
Ⅳ . ①TU238.2

中国国家版本馆 CIP 数据核字（2023）第 148495 号

责任编辑：郭　沫　　责任校对：寇晨晨　　责任印制：王艳丽

中国纺织出版社有限公司出版发行
地址：北京市朝阳区百子湾东里 A407 号楼　邮政编码：100124
销售电话：010—67004422　传真：010—87155801
http://www.c-textilep.com
中国纺织出版社天猫旗舰店
官方微博 http://weibo.com/2119887771
北京通天印刷有限责任公司印刷　各地新华书店经销
2023 年 9 月第 1 版第 1 次印刷
开本：787×1092　1/16　印张：13.25
字数：208 千字　定价：78.00 元

前言

PREFACE

　　本书是基于很多室内设计爱好者、从业者、学生等朋友们希望有室内设计师能以自身的设计工作实践和教学体会出一本容易理解、方便、快捷上手的实战型室内设计书。其实，大家都很清楚，室内设计原理类等纯理论性的书籍的确有很多，且信息量很大，但由于不少初学者因为没接触过室内设计与工程，如果一开始直接去接触枯燥的理论知识，教师又不能结合学生的实际情况授课，那样学生们学起来会很辛苦，有的朋友甚至为此而放弃学习室内设计。基于很多学习者在学习室内设计过程中出现的困难问题，笔者努力以通俗易懂的图示、图例来详细阐述在实际应用中如何学习室内空间设计的基本知识、应用技巧、设计案例等。在全书内容的选择上，力求把核心内容一针见血地剖析出来，避免内容繁多而使人出现"水过鸭背"的现象，那样到最后只会出现看了等于跟没看一样。笔者认为，最理想的做法是通过轻松的图文显现，并且结合容易理解的设计工程项目来进行交流，那样学起来会更生动、自然，由此产生浓厚的兴趣。希望本书能真正起到抛砖引玉的作用。

　　很多优秀的职业室内设计师都清楚，室内设计过程与建筑设计等有很多相似或共同之处，可以进一步细化为：设计前期调研—方案设计阶段—草图、平面布局、意向—效果图绘制设计阶段—施工图绘制设计阶段—设计实施阶段。在本书的内容编排上，按照设计师由开始设计项目到最后完成设计项目的流程来逐一讲述，相信以循序渐进的方式分享学习，会提高学习者对室内设计的创作与鉴赏能力。最后，祝愿大家通过本书的学习，能设计出令自己和客户满意的室内空间设计作品。

著者

2023年9月

目录
CONTENTS

第三章 室内空间设计的细化完善

第四章 设计方案的综合应用

第五章 室内设计的现在与未来

第六章　设计综合应用素材

第一章
前 期 调 研

室内空间设计是一门富有趣味性又兼具理性的艺术科学，它既有与绘画、雕塑、书法、音乐和舞蹈等艺术的共性特点，也有结构与给排水工程、电力工程、材料力学、通风设备工程、消防工程等功能严谨性工程学科的应用实际性（图1-1）。实践是检验真理的唯一标准，本章不再重复讲述大家都知晓的常规性概念，希望通过结合设计项目，提供一些设计的基础知识，并介绍形成一套完整的室内空间设计的步骤，启发读者由浅到深去逐步完成室内设计，科学快捷地学习和理解室内空间设计的实际应用方法，更好地进行设计服务工作。

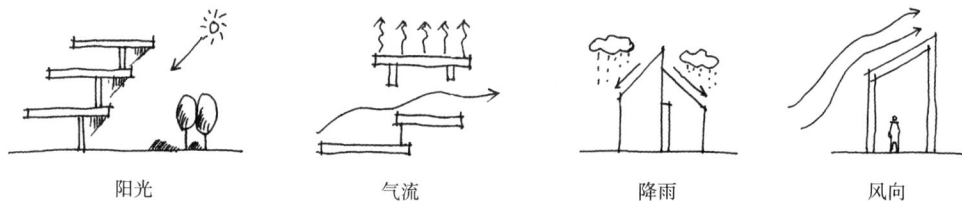

阳光   气流   降雨   风向

图1-1 各个方面客观因素影响

一、空间设计要求

室内空间设计的基本条件是满足客户或使用者的要求。在初次接触或通过其他途径了解客户时，要把自身投入的人力、物力，初步算好，以免亏本运作，在日常设计业务中，并非所有的客户所给的要求都清晰明确，这就需要设计人员耐心给予其启发和指导。尽管前期所做的工作都是围绕客户要求而开展，但作为一个优秀的室内空间设计师必须控制好一定的度：设计作品在满足客户要求的同时，更要体现其创新与独特性。只有这样才能避免作品的千篇一律。

室内空间设计从来不是一个孤立的空间设计，它要求与室内外环境协调，与当地的习俗和生活、工作方式协调，甚至与政治、经济、文化相协调。室内空间设计师本身就是一个环境协调的媒介者，大到城市规划、建筑外观，小到景观小品、软装饰物，都要求自然融合。因此，在设计时，应纵观全局，用联系的角度来规划和构思作品，这样才能达到理想的状态。

现代生活中，室内空间被认为是人类最亲密的场所，其空间的感觉将会直接影响一个人的精神状态、身体健康、学习与工作状态等。因此，设计方案要用心去设计，用心去体现与传达室内环境情感，以适应客户需求的生活空间，做到人性化设计（图1-2~图1-6）。

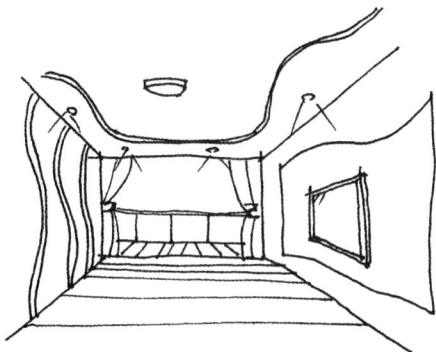

图1-2 快乐的空间

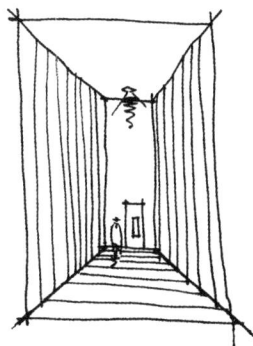

图1-3 郁闷的空间

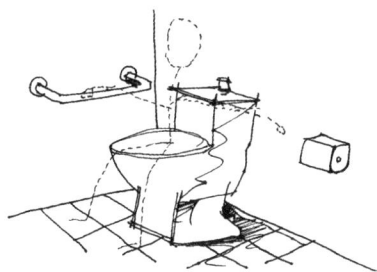

图1-4 用心体现细节设计

图1-5 努力创造附带景观小水景色令人身心愉悦

图1-6 人性化与非人性化对比设计应用

二、环境设计的协调性

环境设计的协调性是要求建筑外观、景观、室内硬装设计、室内软装设计（包括产品设计）都要有协调性，以欧式风格为例，如图1-7~图1-13所示。

图1-7 建筑外观

图1-8 室内设计

图1-9 水池设计

图1-10 设计小品

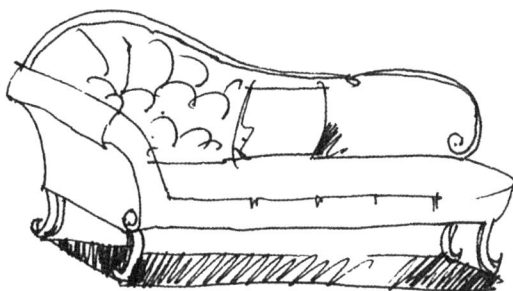

图1-11 沙发家具

图1-12 景观小品

图1-13 窗帘

三、根据客户要求选择设计风格

一般情况下，在接到设计任务时很

难马上捕捉客户的需求，设计风格成为指导总体设计的导向（图1-14~
图1-16），设计人员要通过不断与客户交流、沟通，把客户要求的设计风格确定下
来，这是最起码的设计程序。

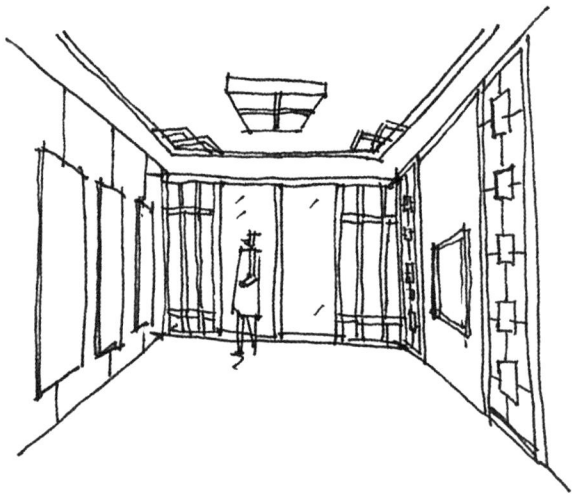

图1-14 新中式风格

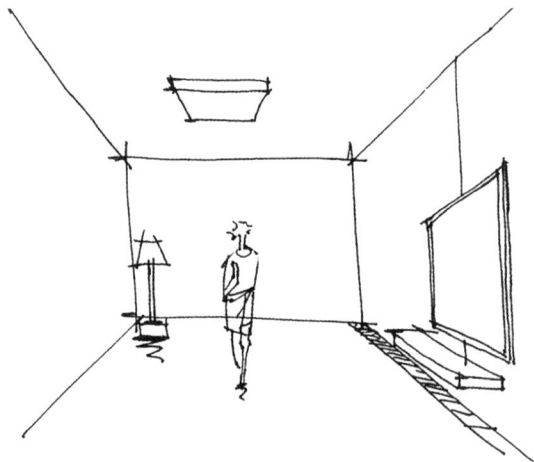

图1-15 现代简约风格

图1-16 现代欧式风格

四、室内空间设计与建筑、景观风格相统一

　　空间设计与其所在的建筑物、景观的风格相统一是做设计的首要考虑因素。因此，设计人员需要研究三者之间的风格和内外因素，了解本室内空间所在建筑物的主材，景观的主要造型材料和植物，并将其记录下来，以便在室内设计时进行建筑材料间的适当搭配，寻求共性的材料，将其应用在室内装修装饰之中。

图1-17 室外植物元素

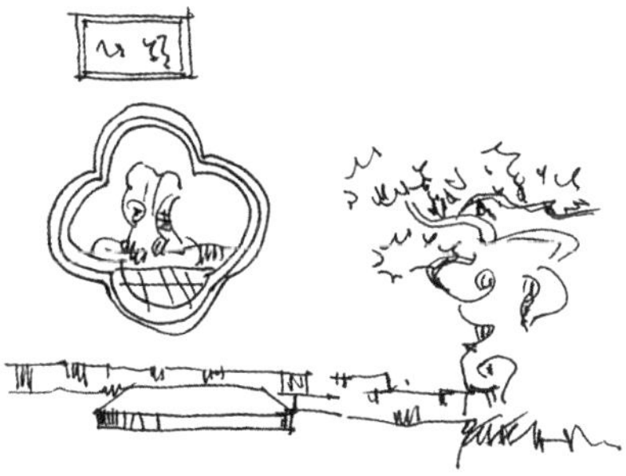

　　另外，在设计中须联系整体与局部的关系，将室内外的颜色融合其中。例如，在选色时，可以将建筑外观的某一主色引入室内的色彩设计应用中，参考室外植物景观的颜色、肌理甚至气味，彼此贯穿。这样的构思可使整个设计形成巧妙有趣的自然统一（图1-17~图1-19）。

图1-18 景观造型小景

图1-19 周边环境元素引入室内设计

五、了解施工与工艺工作

设计人员如果对施工工序和基本工艺一窍不通，其设计的内容是值得怀疑的，毕竟设计装修行业是实战性很强的工作，要把理论与实际很好结合，就需要设计工作者多去现场跟进，把设计与施工的情况梳理好，及时总结改进设计，避免纸上谈兵。

在室内设计中，考虑美学与功能两者的合理结合是基本立足点，也是最大的难题。要快捷、准确地把握和满足客户的需求，做一份供设计师使用的客户室内装饰设计工程需求清单尤为重要。例如，工程现状在设计前必须明晰，确认哪一部分是承重墙、承重柱，排水管、排污管在哪个位置，消防设备箱、原建筑物电箱位等情况，这些因素一定程度上决定了空间的布局。如果在这个阶段没有认真对待，可能到设计最后阶段才会发觉做了太多的无用功。例如，把设有排水管、排污管的房间做卫生间或厨房，而选择了没有排污管和排水管的餐厅做了洗手间，到实施工程环节才知道排水和排污的困难；最麻烦的还有洗手间的沉箱架空问题，很多施工人员最后迫于无奈选择抬高地面做架空模式，如图1-20所示。

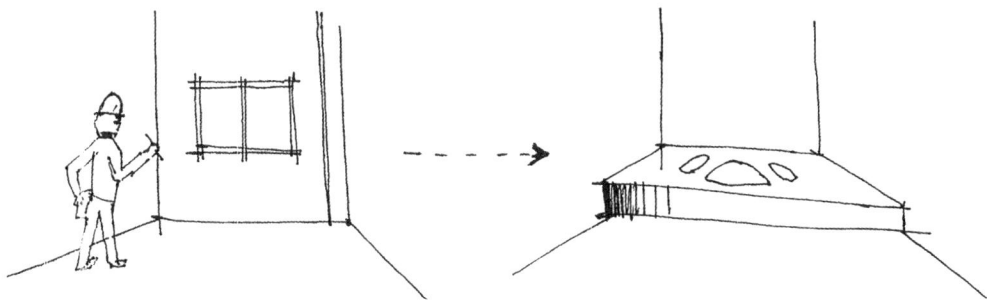

图1-20 没有排污管排水的情况下做的抬高地面处理

六、常规设计调研内容与思考

设计工作进行时，要认真对室内空间使用基本情况做全面的调研和思考。常规内容有：

◎ 在给客户做设计工作之前，需要考虑室内空间硬装与软装的功能与审美等方面的实施应用问题。最为重要的是室内空间功能刚性需要、生活习惯和设计工程预算情况。

◎ 哪个空间在一天中使用率最高，使用者是谁？

◎ 哪个空间在整个空间中具有名片式作用，其会导致室内空间设计的成败？

◎ 室内空间的卫生清扫和处理、维护的时间和精力有多少？

◎ 哪些访客会来？

◎ 要向所有人展现一个什么样的风格和情感的室内环境？

结合设计方案，预算室内硬装、软装以及维护的成本。根据客户的具体实际情况建造一个量身定制的室内空间环境。进而去考虑更具体的问题：

◎ 是否一定使用某些室内主材？

◎ 是否有些空间可以省略，以节约成本？

◎ 原有的室内家私等软装能否经过组合、翻新再利用？

◎ 某些室内隔断或造型可否与新空间融合？

◎ 装修装饰工程中用到的材料是否环保？

完全确定以上的功能使用后，可以深化分析和考虑整个空间的艺术美等问题：

◎ 客户有没有特别喜欢的风格？

◎ 客户有没有特别喜欢的装修材料、软装饰品等？

◎ 是否要做一个独特的空间设计风格？

◎ 哪些室内装修元素是使用者规定必须存在的？

◎ 能否通过这个室内空间装饰设计给室内行业做一个很好的案例示范？

客户资料需要的信息归纳如下：

◎ 使用单位/成员：姓名、性别、年龄、性格、爱好。

◎ 各成员对空间的要求：风格、色调、造型。

◎ 设计工程现况。

◎ 客户对工程的理想施工时间、资金投入。

◎ 喜欢的装修材料：普通砖、抛光砖、仿古砖、木地板、大理石、墙纸、墙布、金属、文化石、饰面板、复合材料。

◎ 灯具要求：筒灯、灯带、吊灯、吸顶灯、射灯、落地灯、台灯、壁灯、应急灯、装饰灯。

◎ 其他相关因素：空调设备模式、通风设备模式、消防、给排水情况、日常电器配置、后期软装搭配。

◎ 预算：工程初期预算、维护费用。

七、测量基础

做出一套切实可行的详细施工方案，必须去现场测量，在测量前可以向客户要一份原建筑物的建筑平面图或户型平面图等，这样就节约了绘制原空间大概平面草图的时间。通常原始的平面图一般会标明柱、门窗、承重墙的位置，甚至管道、地漏、空调位置等，给设计有一个空间布置的初始印象。当然，如果运气不好，客户什么都不能提供，只能辛苦设计人员去现场绘制平面图，标注好柱、门窗、管道、地漏、空调位置等。不过，作为一名合格的设计师非常有必要亲自踏勘现场，亲临现场能更加清晰地把控室内空间感，对现场的有利与不利因素有初步的认识，为即将进行的初步设计方案提供重要信息（图1-21）。

图1-21 室内排水管道

现场测量中需要用尺子对室内每个空间逐一测量，并记录好数据，有些设计师喜欢分两次测量。第一次粗略测量然后出初步方案，在确定好方案或与客户签订设计合同后再进行第二次的深化测量。这要因项目而决定。如果项目的现场不大、工作量不大、时间充裕，可一次性细化测量，以免在测绘上浪费太多时间。在测量踏勘现场时不要忘了看清户型的朝向、周围环境、气候、特点等。

八、测量工作

到现场测量室内空间时，通常有两种办法。方法一：一个人负责拉尺子的始端，并记录数据，另一个人负责拉尺子末端并读取数据（图1-22）。方法二：第一个人负责拉尺子的始端，第二个人负责把尺子拉到被测量物的末端，第三个人负责读取数据并作记录（图1-23）。具体选择哪种方法视人员安排情况而定。现在市场上也有电子测量仪辅助测量，但细节部位有一定的局限性。例如，遇到被测面有凹凸不平或有障碍物阻挡投射就会影响数据的精确性。因此，尺子测量还是非常必要的。

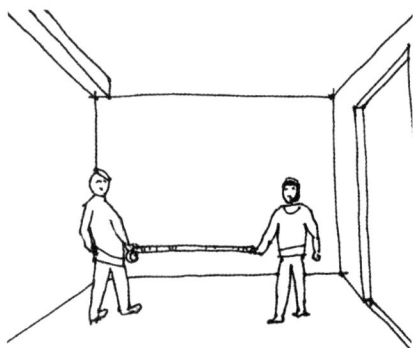

图1-22 两人组测量

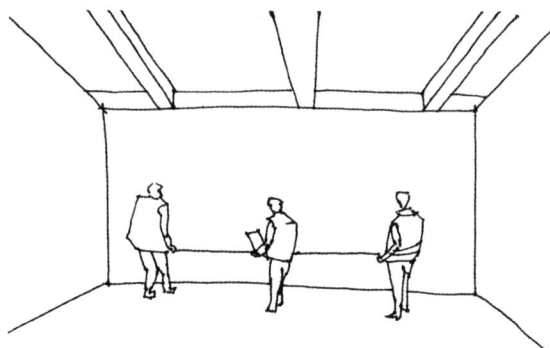

图1-23 三人组测量

在测量时，除了重点测量各墙面的水平长度、楼梯、楼板层高、梁与地面的高度、柱子的大小、门窗大小、给水管道的位置外，还要注意测量排水管道的直径、管道距离、墙身距离等（图1-24）。这些数据可用作下一步深化设计的严谨数值限定。

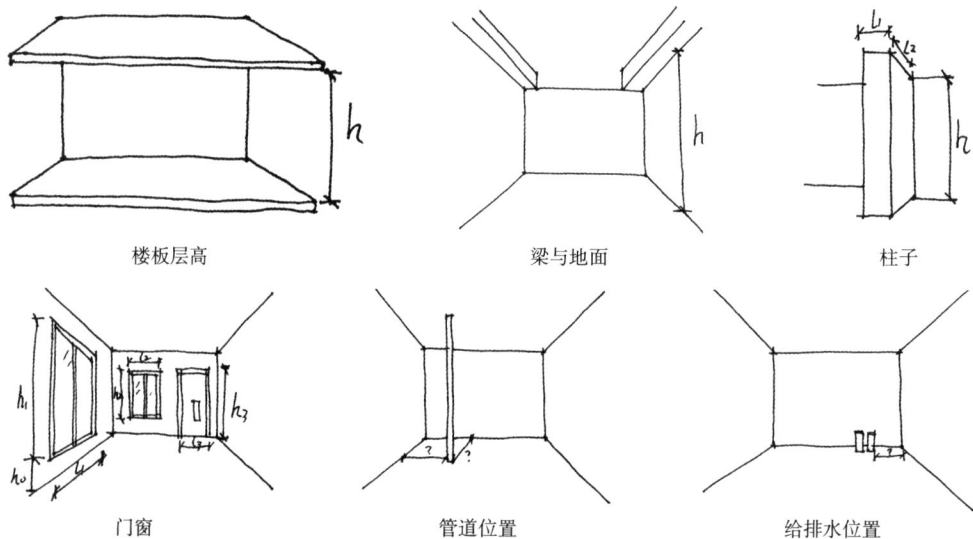

楼板层高

梁与地面

柱子

门窗

管道位置

给排水位置

图1-24 测量时各界面和部位细节

九、检验质地

用小铁锥敲下墙身、地面或天花板听下声音，粗略判断一下里面大体的结构和成分，或用手电筒检查一下室内的原毛坯或原貌，如是否开裂、是否有渗漏现象等，有些设施内容，如风管断面大小、水管的走向也是设计的制约因素。中央空调的通风管通常在楼板下面的位置，在看了现场后要初步把各类电缆管线铺设所占用的空间计算好，使室内空间的净高保持合理（图1-25）。

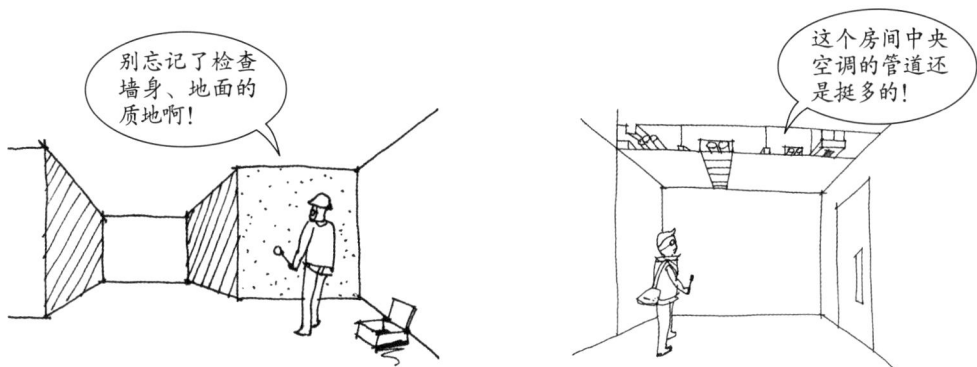

图1-25 检验质地

十、拍照记录

使用照相机从室内正门开始，按照正常观察一个场景的角度，把每个空间逐一按顺序拍照，先把空间的前、后、左、右、上、下共六个面拍下（图1-26），然后拍细节部分，如管位、设备位等。不要拿相机随便乱拍，那样不能全面捕捉有用信息，后期综合整理资料也很不方便。

及时把设计空间的现状有目的地拍下来，目的是为后期作设计更全面、细致地认识原状，便于设计人员有效处理和解决实际问题。这些都是重要的原始参考资料，不可忽视。

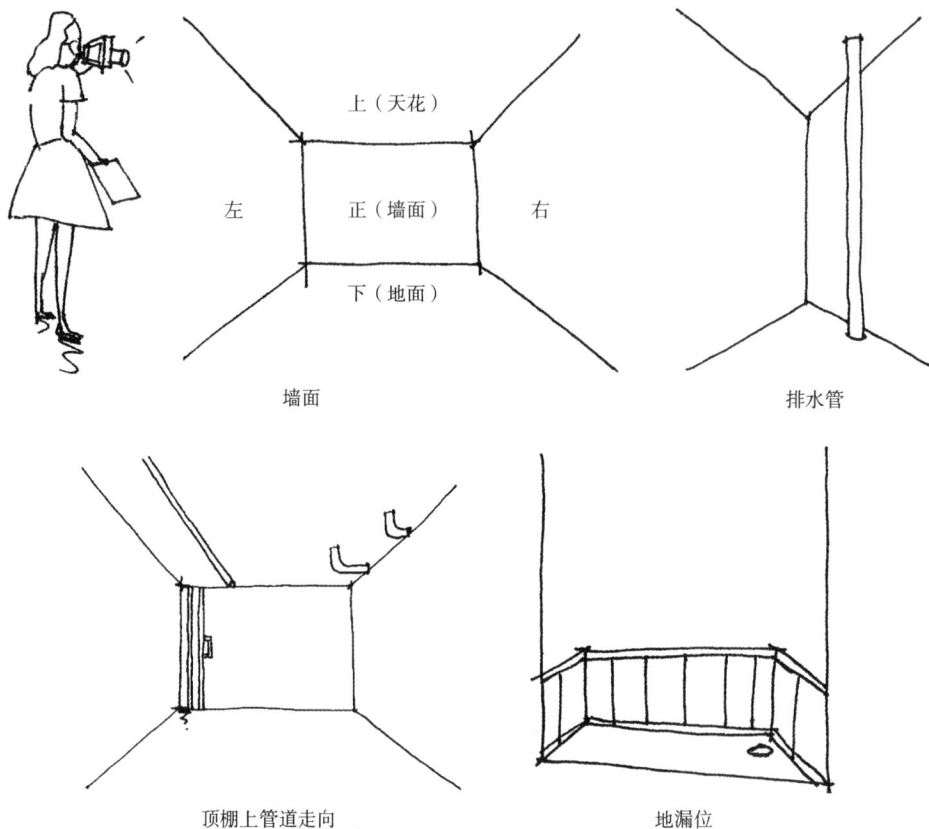

上（天花）

左　　正（墙面）　　右

下（地面）

墙面　　　　　　　　　　　　排水管

顶棚上管道走向　　　　　　　地漏位

图1-26 拍摄记录工地现场的关键部位

　　大多时候，设计人员都知道把室内的情况拍下来，以为这样就已经做好了资料的记录，但却忘了把建筑物的外观与环境也拍下来，而这些室外元素也是作为室内外风格协调的重要参照素材之一（图1-27）。

不要忘了把室外环境和建筑物也拍下来带回去哦！

图1-27 室外元素现状

十一、绘制原建平面图

进行工地现场测量时，大多时候存在环境条件比较差、光线不好等不利因素，实测实录的很多地方只有记录者才更清楚，因此，记录者作为原始平面图绘制者更为合适，由其根据实测现场尺寸完成记录草图（图1-28）。在完成现场测量后要求能及时出图，一旦时间拖延太长，有可能会出现部分模糊的情况。通过使用尺规或CAD根据测量草图与数据，很快就能出一张清晰、准确的原建平面图（图1-29）。

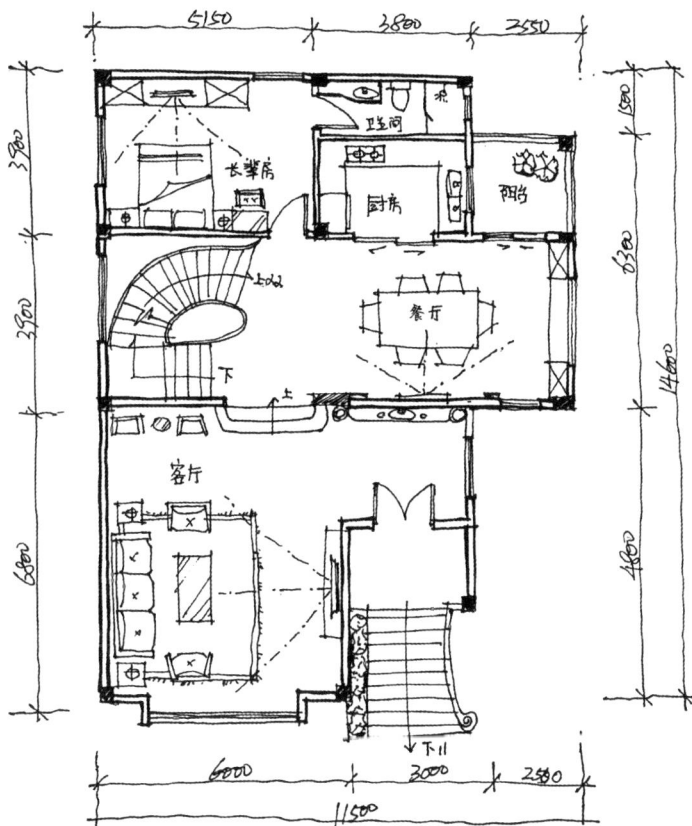

图1-28 现场尺寸数据记录草图示例

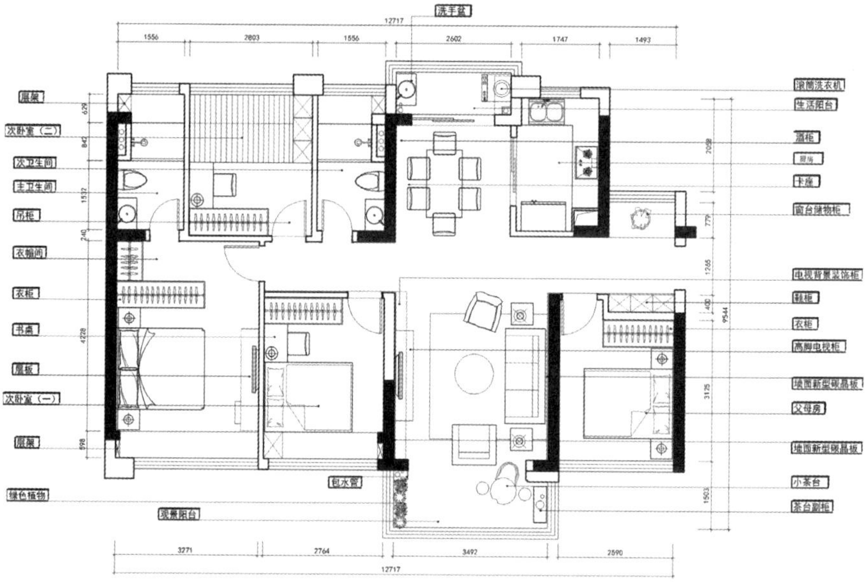

单位：mm

图1-29 用CAD画出的平面图示例（含尺寸精细部分）

十二、前期设计的四个环节

设计人员如果对施工工艺和基本工艺一窍不通，其设计的东西是值得怀疑的，因为设计装修行业是实战性很强的工作，要把理论与实际很好结合，需要设计工作者多去现场跟进，把设计与施工情况梳理好，及时总结改进设计，避免纸上谈兵现象。在进行前期设计时，要经过以下四个环节：

（一）场地分析

通过现场实景，设计师呈现出设计场所的实际景象：建筑朝向、窗外视野、相邻建筑物、树木植物等周围景观情况，了解建筑空间的大小、高度、形态、结构与门窗状况，分析当地气候、日照采光、风向、供热、通风、空调系统及水电等服务设施状况（图1-30、图1-31），了解建筑环境、自身的形式及风格等，探明室内原始结构、设备、给排水等情况。

图1-30 透明空间的毛坯房

图1-31 半封闭空间的毛坯房

（二）业主分析

在室内空间中，有许多业主或使用者只知道自己要什么风格，但并不一定清楚如何设计才可以减少成本，达到预想效果。所以，设计师要帮助业主或使用者分析各个环节的构成方式，以最少的材料、人力、资金、时间来实现最大价值。

（1）了解业主或使用者要求，进行分析和评价，明确工程项目的性质、规模、特色。

（2）掌握业主或使用成员数量、结构、习俗、职业、经济状况等。

（3）悉知业主或使用者的设计期待，并不一定强求用户给予准确的信息。

（三）资料收集

资料的拥有率对完善设计起到关键作用。大量地进行资料搜集、归纳整理、发现问题，进而加以设计分析和资料补充，这样的过程会使设计从模糊到清晰。

（1）了解、熟悉与项目有关的设计规范和标准。

（2）调研所需要的材料、设备等，研究同类型工程实例。

（3）查找相似空间的设计方式，发现设计团队自身存在的问题、优劣状况，通过资料分析寻求解决实际问题的方法。

（4）通过掌握的资料获得灵感和启发，并提出一个合理的初步设计概念。

（四）风格定位

室内设计是建筑设计的延续和深化，因此室内设计与建筑设计具有不可分割的联系，室内设计风格往往会在很大程度上与建筑设计的风格一致，在表现形式和表现手法上也有许多相近之处。当然，在居住空间设计中，也有不以建筑设计风格为根据，而是直接与用户深入沟通来明确设计风格的情况。

风格体现特定历史时期的文化、政治、经济、思想观念、技术、材料的方方面面，设计时应根据特定需求进行风格定位。

小结

设计前期的工作比较琐碎，需要设计人员有耐性，而且在工作中善于总结和学习。从一开始接触客户谈业务、设计到进一步行动去现场踏勘测量，做好这些环节的工作是对实战型室内设计师的基本要求。考虑到室内设计纯理论性的书籍市面上较多，本章在描述中省略了很多纯理论性前期设计需要、测量投影基础知识、绘图知识等，而使用图文性直观表达阐述，偏向应用解释与示范（图1-32）。

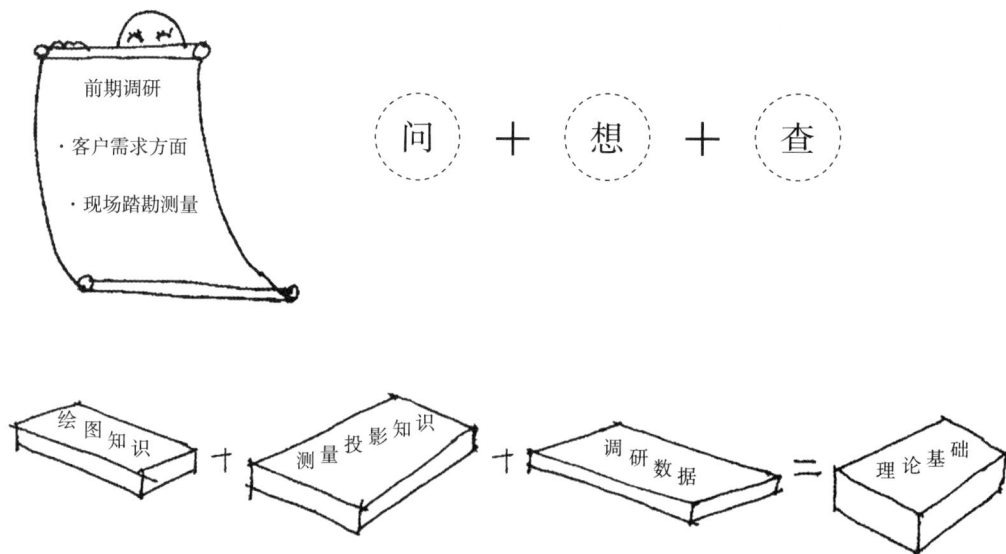

图1-32 设计工作前期

第二章
室内空间初步设计

一、初步设计

有了设计前期的信息资料后，室内空间初步设计就会有依据了，进行方案的设计可避免盲目性。初步设计是很基本的空间布局构思与表达，无论是初学者还是一名成熟的设计人员，都需要动手或用笔，或用CAD绘制平面图，这些图不一定要求画得多漂亮、多精美，重要的是能把想法和思路表现出来。本章将围绕这些方法和技巧来阐述。

对一些常规性施工工艺做法的了解，必要的时候亲自去检查，为初步设计的可行性提供了质量保证（图2-1）。

室内装饰施工常识对室内设计比较重要，但也比较容易被设计人员忽略，如果没弄明白和了解清楚，就可能导致功能使用上的不便、施工质量难以保证、资源浪费等问题。因为家居装修要求比较多，也比较高，很有代表性。

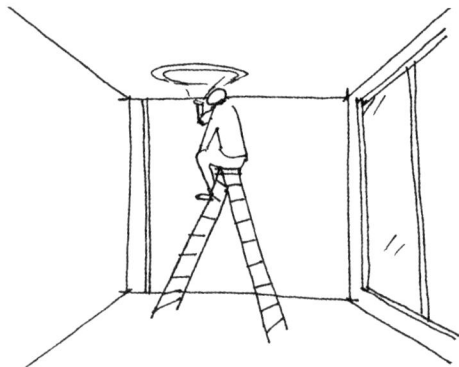

图2-1 检查施工与设计的一致性

下面以家装设计与施工为例说明其具体内容：

◎ 抽油烟机的插座不要设计安装在墙上，建议沿着吊柜顶布电线下来，通过吊柜顶钻个小孔，再装开关面板。如果不这样做，到时候厨房墙砖不好贴，做吊柜也不方便。

◎ 在每个洗手间预留浴霸的电线，宁可预留，很多设计与施工人员很容易把它忽略，以为后期再考虑也不迟。平时可能浴霸使用时间不多，一旦需要就十分麻烦了。

◎ 卫生间的插座要考虑装物品的壁柜的厚度再设计安装插座的距离，如插座安装离墙150mm，客户若是买了一个250mm深的壁柜就麻烦了，最终的解决办法只能是在壁柜上开个小洞口才能安装，不仅增加了施工难度，也严重影响了日常使用。日常设计中要清楚知道一些日常构件和家具的尺寸，对节约成本、降低施工难度影响很大。

◎ 阳台铺砖前，要找下泄水坡度再做防水，最后铺砖，卫生间的沉池原理一样。因为只有不积水的情况下才能确保地面日后不漏水。

◎ 卫生间如果考虑贴砖的话，用砖包排水管（含排污管）的时候，要注意一些技巧，建议不要从管脚到管顶都用砖生硬地包，最好用水泥砂浆先把管脚包住，离地150~200mm，这样做的目的是尽量不让管、砖与地面的水接触，防止因积水而出现渗漏现象。通常情况下，漏水都在管脚部分出现，这保护和避免了管道框架发生变化，从而影响正常使用。

◎ 洗手间安装水管的时候，管道要尽量靠沉池的边缘走线。倘若在中间放置水管线，就不好找到涉水坡度。

◎ 天花如果要扇灰，尽量选择硅酸钙板或石膏板，并且这些板与板之间的连接预留5~10mm的缝隙。如果只是在用夹板做的天花上批灰，时间长了，灰由于惯性受力，会出现气泡，甚至自然剥落，留出缝隙是为了防止热胀冷缩而出现相接处开裂。

◎ 蹲厕安装设计不要离墙太远，有些洗手间空间不大，如小型的商品房，通常只有1.3米左右，一旦装的比例不恰当，走路的空间就很狭窄，影响正常功能使用。

◎ 现在用的热水器，路程稍微远的通常要等几秒到十几秒才有热水，这个时间内就会浪费不少水资源，所以建议有条件的话装回水设备装置，那样更环保和节约用水。

◎ 打线槽后，如用水泥沙浆补了凹槽位，扇灰时，要先挂金属网后再批灰，这样做的好处是防止补槽位表面日后产生开裂现象。

◎ 要注意日常铺贴与批荡厚度，以便设计的尺寸准确，尤其施工图的绘制设计，假如连这些数据都不清楚，将会影响施工过程的尺寸大小，关系到整个工程的成本和设计效果，是不容忽视的重要知识。

以下数据是笔者对于铺贴和批荡在实践应用中总结的一些经验，供初学者参考：

◎ 铺贴地面大理石：砂浆厚25~30mm，大理石厚20mm，共计50mm左右。

◎ 铺贴地砖：砂浆厚20~30mm，地砖厚8~10mm，共计30~40mm。

◎ 复合地板：底层防潮纸加上复合地板10mm，共计10mm左右。

◎ 实木地板：防潮膜9mm，加上木地板18mm，共计27mm左右；地龙骨25mm，防潮膜9mm，加上木地板18mm，共52mm左右。

◎ 墙身贴砖后的厚度：抛光砖，砂浆厚25mm，抛光砖厚8~10mm，共计30mm左右；大理石，砂浆厚30mm，大理石厚20mm，共计50mm左右。

◎ 批荡中抹灰层的厚度：空心砖、板条、顶棚、现浇混凝土15mm；预制混凝土18mm；金属网20mm；内墙、普通批荡22mm，中级批荡15mm，高级批荡25mm。

二、初案分析

一般来说，大多数设计初学者在接触到原建图后会马上上网搜索或查阅相关书籍，希望从中获得一些信息或直接模仿别人的做法，这样的做法有一定的辅助性，但劣势就是很难形成自己独有的原创性，也不利于整体构思的把控，构思室内设计方案时，先要踏实确定好设计的依据因素，包括人体静止适宜尺寸、人体行为活动时尺寸、心理需求尺寸、整体艺术美感比例。

在接到一个设计任务时，首先要把室内空间的功能要求列出来，如做商品房室内设计，最基本的空间划分有客厅、餐厅、厨房、洗手间、卧室等（图2-2、图2-3）。

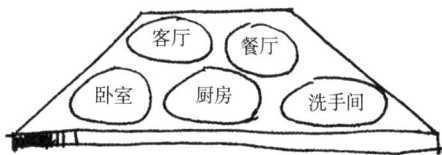

图2-2 空间功能

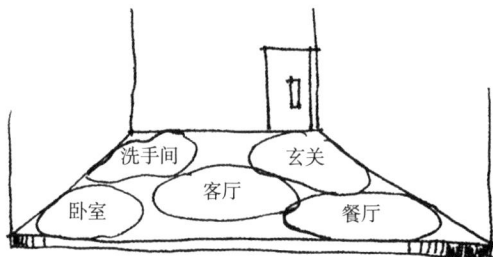

图2-3 平面安排

在画平面布局草图时，很多时候需要设计人员先大致用手绘勾画下，这样比较快速和直观，碰到时间比较赶或想多出点平面草稿时，可以找些蜡纸或复印纸把原建图描下来，有复印设备的话就把描好的手绘图复印若干份，这样可以方便自己任意打稿。其次，人的活动行为路线也要明确科学，如在做一个企业涂料产品展示空间设计时，不要简单地把展厅做成容易看穿、看透的感觉，如果那样，就很难说去通过设计展现企业文化的形象了，在做这类空间时，可以先定义企业的文化，在门口处有形象墙和荣誉证书等，再定义一个顺时针或逆时针的总体大路线，并设置主次路线，如果想突出某些新的产品，可以设计醒目路线引领方向（图2-4）。

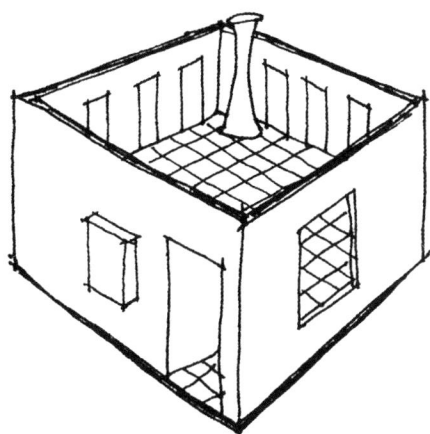
简单的墙面展厅

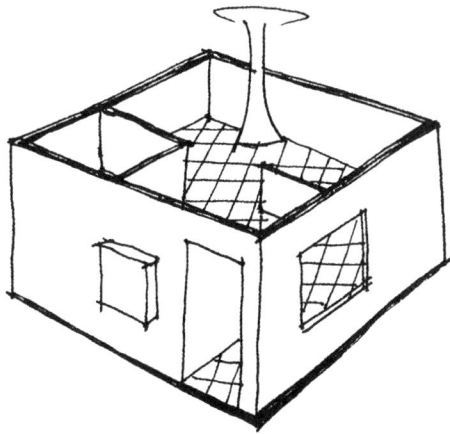
有层次感路线的展厅

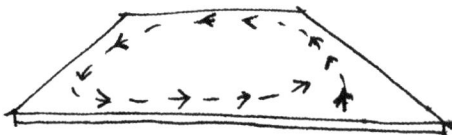
路线

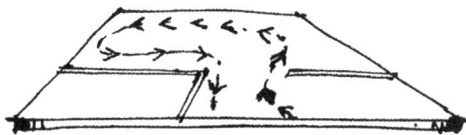
路线

图2-4 某涂料产品展厅的空间与路线分析

构思空间的平面初稿时，要注意私密空间与公共空间、重点空间与一般空间的关系。所谓重点空间，如以办公空间为例就是财务室、档案室等，需要一定空间保护和界定性；如果是家装空间，就是主卧室、书房、收藏室等，需要保持安静，动与静空间要明确区分（图2-5），创造舒适、有安全感的空间。

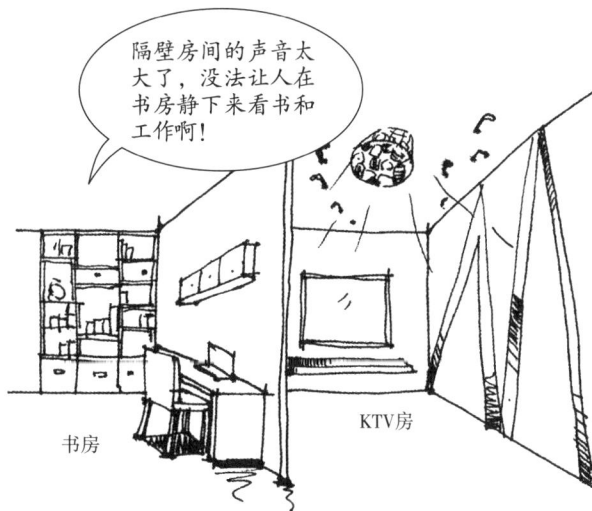

图2-5 空间的动与静的区分

室内空间设计另一重要考虑要素是方位和光线，空气的对流等自然地理问题（图2-6），理想的方位是坐北朝南，有充足的阳光照射，新鲜的空气流通，这样的

空间是优质的房间，对一个人的生活、学习、工作影响十分巨大，对于这类的空间
布置分配要视客户人员活动习惯而相应的设计安排。

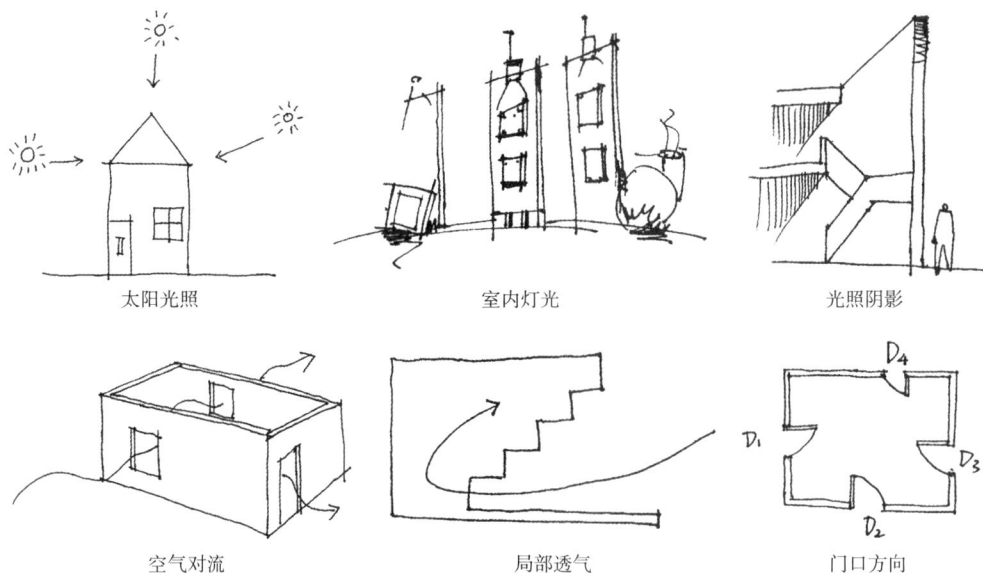

太阳光照　　　　　　　　　　室内灯光　　　　　　　　　　光照阴影

空气对流　　　　　　　　　　局部透气　　　　　　　　　　门口方向

图2-6　影响室内空间设计的重要因素

　　一个空间的设计要考虑的要素是比较多的，不能单单为了做一个空间的设计而
设计，那样很容易使设计人员进入自我感觉的封闭设计的误区，这样会使室内环境
中要考虑的细节脱离生活，没法做出理想的设计作品。设计是为大众服务的活动，
正是由于其服务性的特点，更要求我们要有周全考虑各要素的能力。

三、平面图形状设计

　　室内平面图形状设计方法有多种。

（一）图案衍生法

　　这个方法就是通过某一特定物体，通过图案多次变形，最终形成一个具有特殊
意义的简洁图案。例如，客户是一位个品格高洁的中年干部，喜欢水生植物，并对

中式风格情有独钟，针对这一情况，可以在脑海联想一下具体的事物，水生植物包括荷花、芦荟、水仙等，结合品格高洁这一特点，再深一层分析，中国风格的水墨画是我国的文化精髓，而经常出现在水墨画中的植物就是荷花，这样逐层思考，就很容易选定特定意义的形象物体（图2-7）。

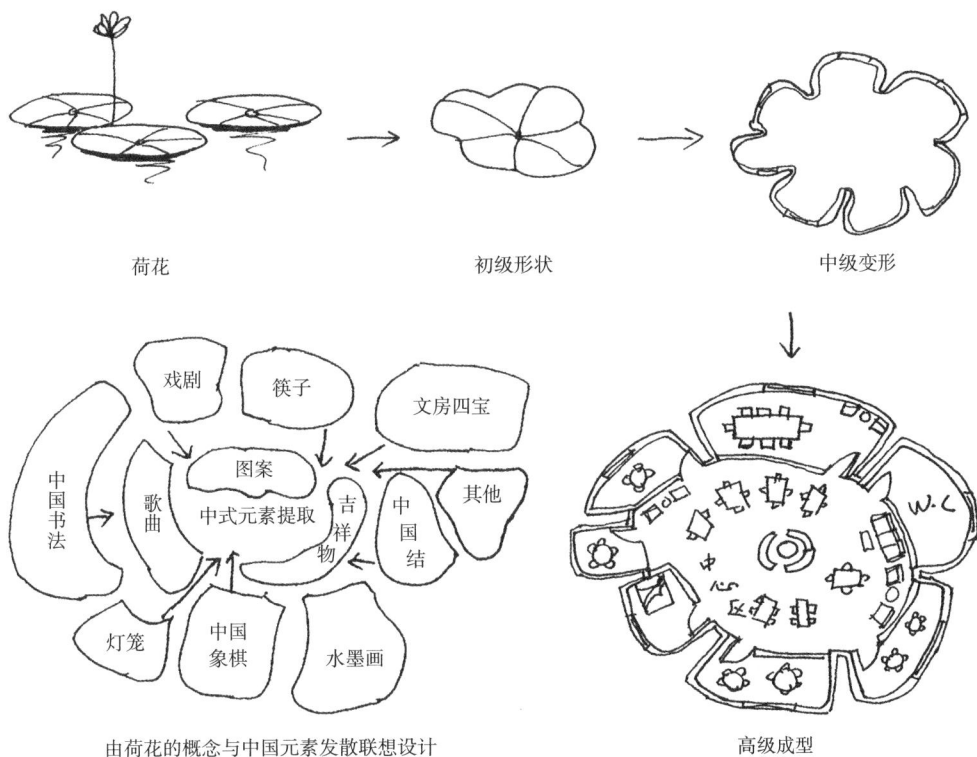

荷花　　　　　　　　　　　初级形状　　　　　　　　　中级变形

由荷花的概念与中国元素发散联想设计　　　　　　　　　高级成型

图2-7 空间平面图形状的演变过程

（二）图形创意设计法

这个方法最大的特点就是像平面设计人员那样创作图形，但有一点最大的区别是要有明显的空间利用面积，不然会出现太多没意义的琐碎部分或死角，从而浪费空间（图2-8）。

 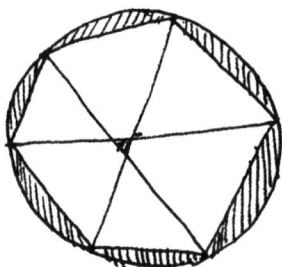 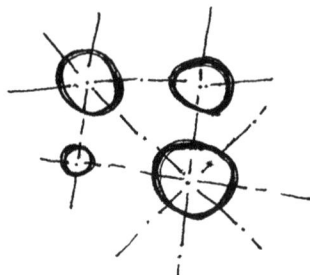

方形直角空间的死角　　　　　圆形空间产生的死角　　　　零散空间有机地联系起来

图2-8 避免空间浪费的分析

其实不难发现，用等比例图案组成的表格去构造图案又快又准，而且对尺寸的准确性控制方面比较有利，对这个方法的应用只要能把基本的单位格画好，就可以发挥个人的想象去构思各种各样的图案。这个方法最大的好处是不会偏离尺寸的控制，便于实际设计平面图的应用（图2-9）。

Tips

不难发现一个规律，只要不超出单位格的限制，便可以很轻松地设计出很多想要的平面图案啊！

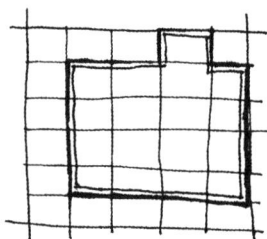 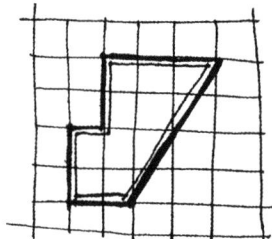 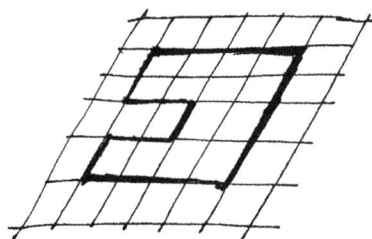

图案一　　　　　　图案二　　　　　　图案三

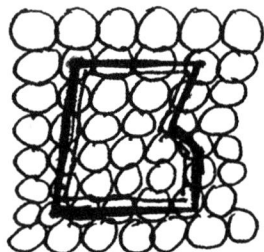 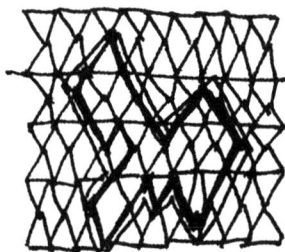

图案四　　　　　　图案五

图2-9 等比例辅助下的不同图案设计

因为有了等比例图案组成基础，在图案变化应用上组合拼成的平面会有规律性，从另一方面来讲也避免了设计平面图形形状的盲目性。在这里要注意的一点是在构思图形时，要科学合理地运用好曲线，适当地运用曲线会起到不错的效果。但盲目采用太多的曲线和弧线则不利于工程成本的控制，因为曲线过多会对施工造成工程难度和导致预算增高，通常造型越复杂，所耗费的人工和材料也越多（图2-10）。

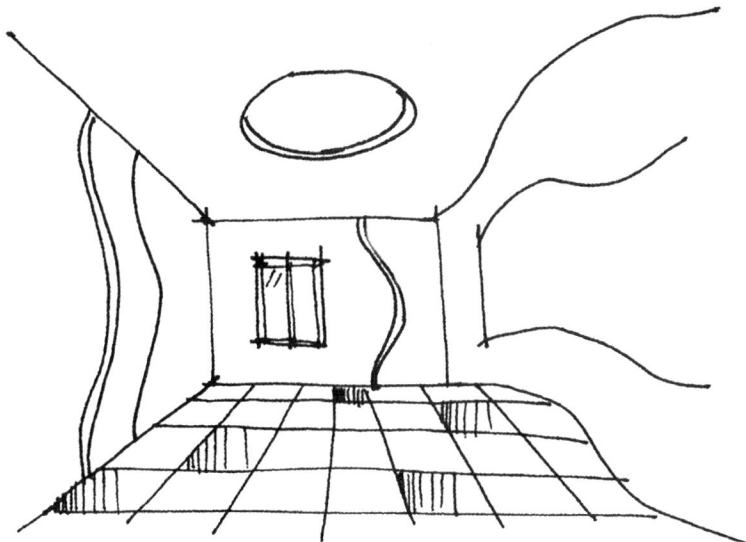

图2-10 适当的曲线造型效果

（三）凑合拼图法

此类方法需要设计人员通过先准备好的一些图形，如圆形、正方形、长方形等，通过这些图形彼此组合而形成新的图案。这种方法创造平面图相对比较直接、快捷、多样，但通常拼合后的图形很粗糙且没有规律，需要进一步进行图案的修剪和完善，虽然需要花点时间，但这种方法比较随意，很多时候会给设计人员带来意外的创意设计惊喜（图2-11）。

Tips

选择哪类方法去设计平面图，这需要因人而异，适合自己的才是最好的！

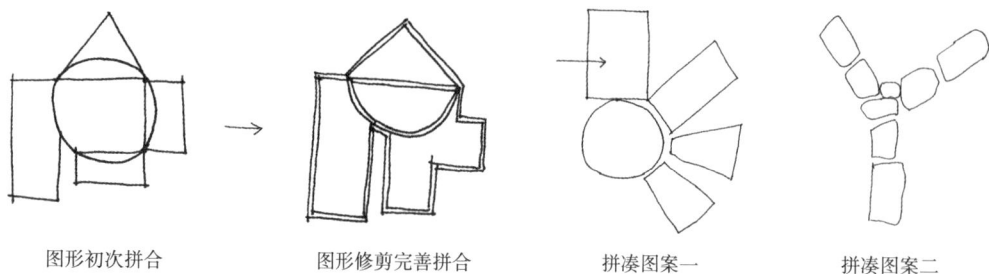

图形初次拼合　　　　图形修剪完善拼合　　　　拼凑图案一　　　　拼凑图案二

图2-11 凑合拼图法

四、空间平面的丰富

在平面大体框架形状确定后，接下来要进行平面布置家具和软装设计。在大体空间定格后，将家具如沙发、茶几、床、衣柜、餐桌、椅子、卫生洁具等按原有形状规格放进去。通常情况下，在方正和较大的空间，这类家具和洁具按真实比例尺寸可以放进平面，但有些时候，室内空间的尺寸是变化的，其长度可能在整个市场上都买不到合适的尺寸，这个时候就需要根据平面图的尺寸来设计一些家具了，设计过程中要注意尺寸和空间之间的协调性（图2-12）。

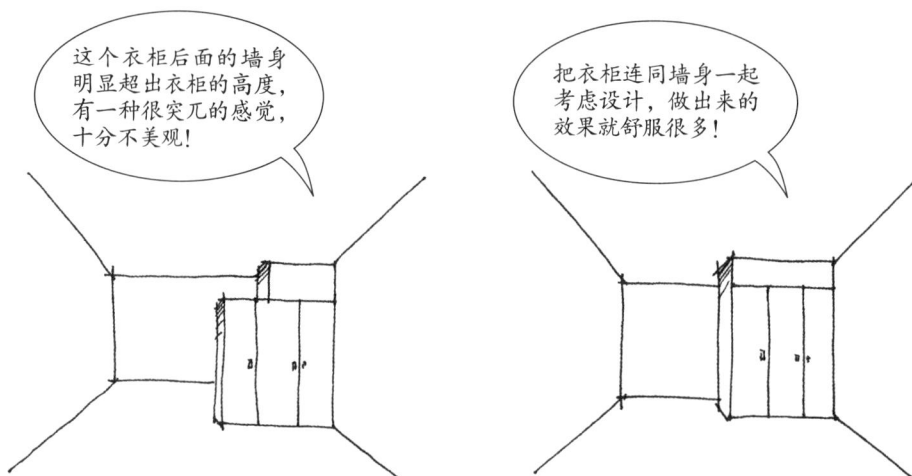

> 这个衣柜后面的墙身明显超出衣柜的高度，有一种很突兀的感觉，十分不美观！

> 把衣柜连同墙身一起考虑设计，做出来的效果就舒服很多！

图2-12 空间尺寸的协调性

在画完平面图内部细节后，无论是手绘还是CAD，最好多复印几份，这样做的好处是可以方便修改和上色。一张生动具体的平面图会让客户看起来更直观和容易理解，这给设计人员节省了精力和时间，毕竟不少客户不是专业人士，有部分客户连图纸都看不懂，如果我们给平面图上了颜色和体现光线的明暗，立体感就很强了（图2-13）。

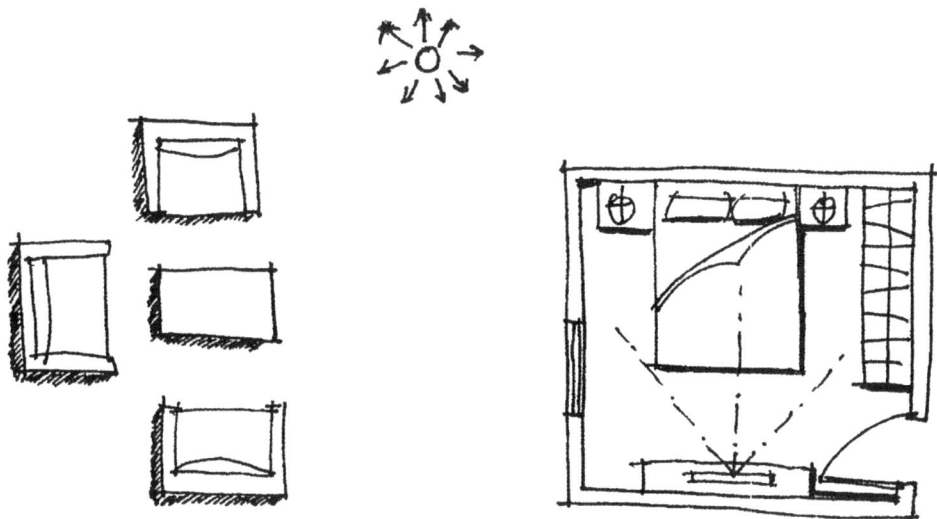

图2-13 平面图家具的光线阴影处理

如果有条件和时间，可以把平面图用轴测图的方式将二维的东西变成三维，在谈设计方案的时候倘若有这类图出现会使得方案更加锦上添花，轴测图不一定要求很标致精准，能大概表现出来就可以。在画图时，关键是确定好中央的那条线，然后在两面墙身画斜线，这样比较方便快捷，先画好正方体，然后在正方体的基础上加隔墙和其他，完成后可以放家具（图2-14）。

这样表达设计会让客户看到立体效果，提高设计人员谈设计单的成功率。

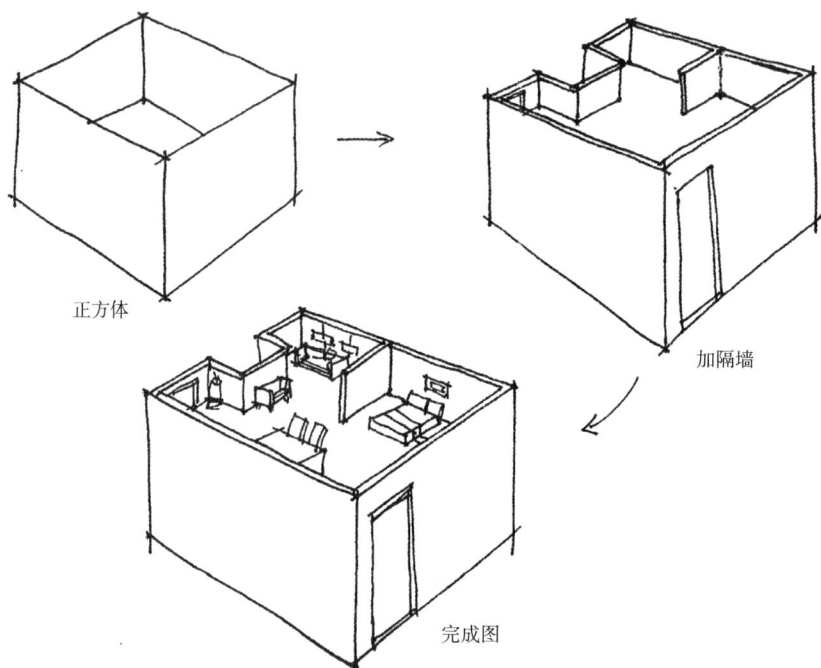

正方体

加隔墙

完成图

图2-14 正方体演变成空间图的过程

五、案例应用

项目一

地　　点：广东省佛山市某写字楼六楼办公室设计

面　　积：310 m²

客户要求：做一个外贸办公室，要求现代简约、时尚、美观、实用，装修预算约20万元。

开始设计工作：

第一步，现场测量踏勘，画出原建平面图（图2-15）。

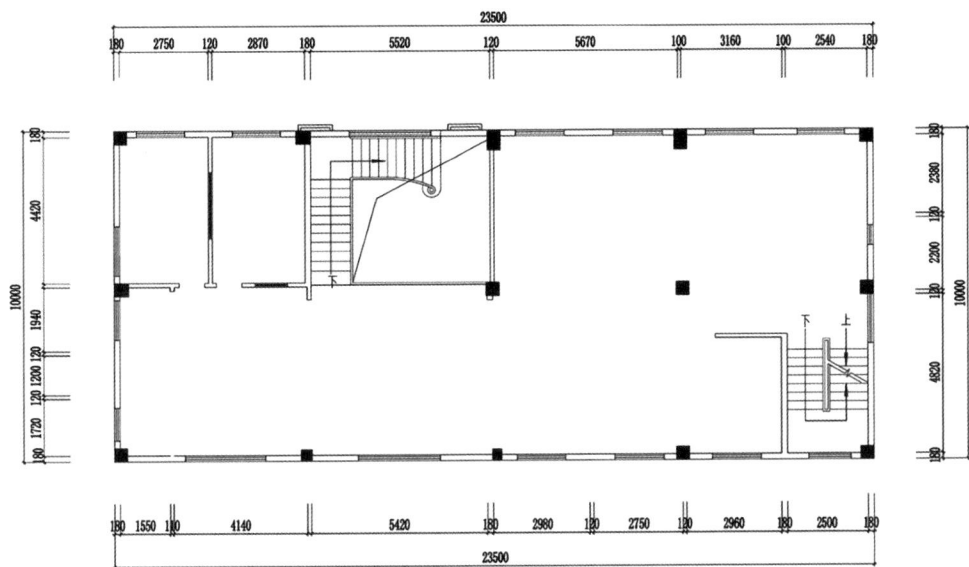

23500

180 2750 120 2870 180 5520 120 5670 100 3160 100 2540 180

180 1550 180 4140 5420 180 2980 180 2750 180 2960 180 2500 180

23500

单位：mm

图2-15 一层原建平面图

第二步，空间环境与功能的综合分析（图2-16）。

第三步，平面图的形状设计。根据原建图的特点，把单位网格放进该图，进行图形创意设计，把想表达的图形加深轮廓显示，空间的形状就自然他表达出来了（图2-17~图2-19）。

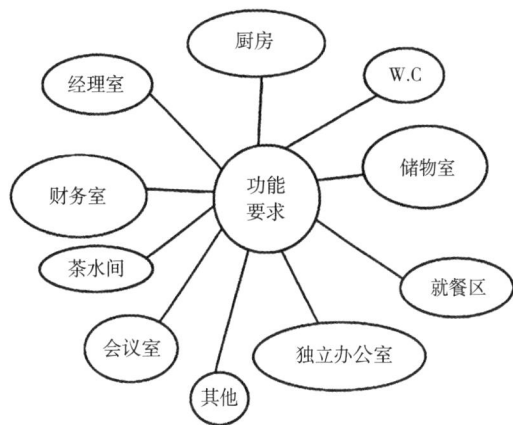

空间功能要求

考虑室内空间的气流方向

储物与座位结合设计增加收纳空间

根据人体工程学要求进行工位设计

图2-16 室内空间与功能的综合分析

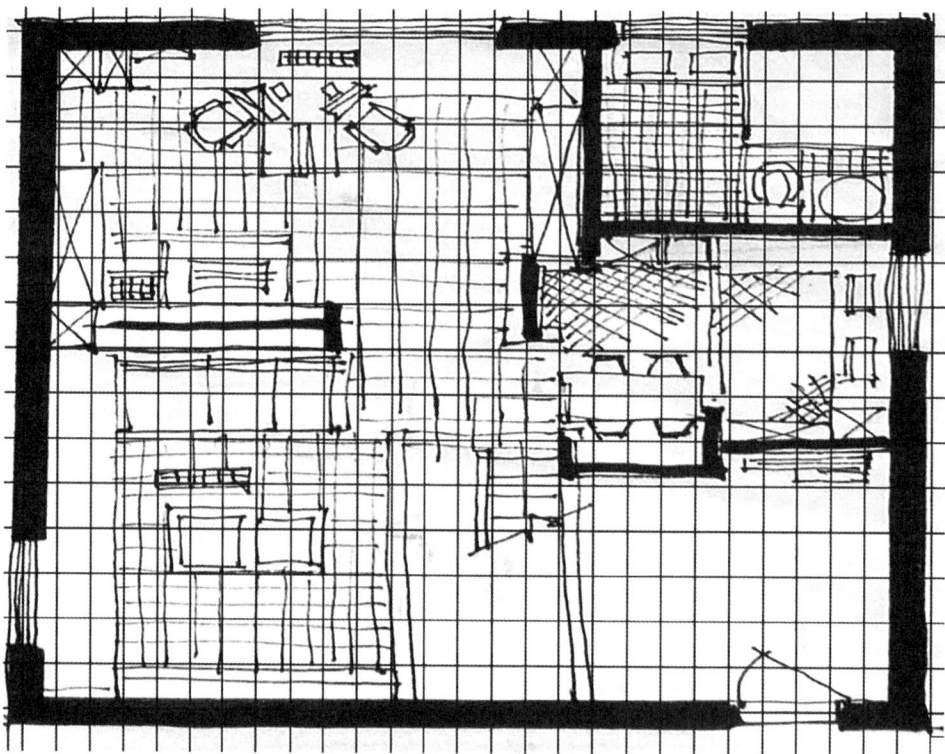

图2-17 图案创意设计法（等比例表格）

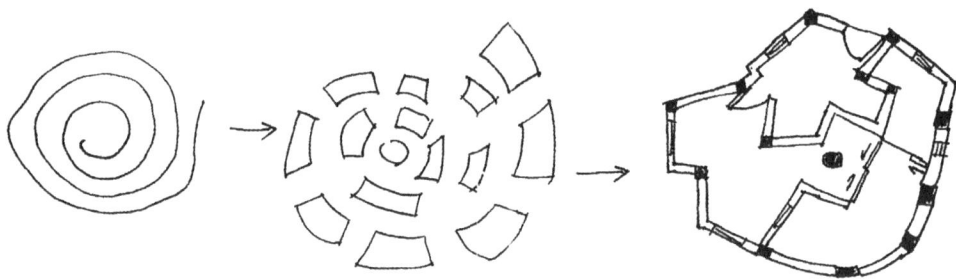

图2-18 图形衍生法

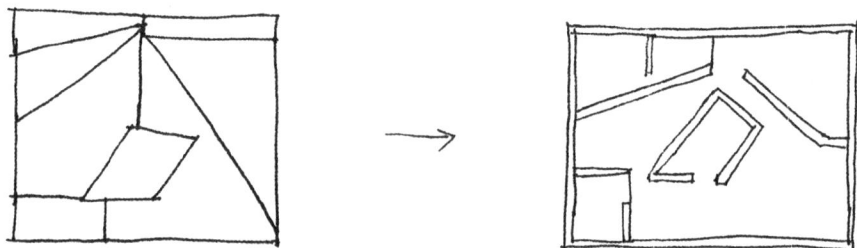

图2-19 图案拼合法

第四步，平面图的布置设计（图2-20）。

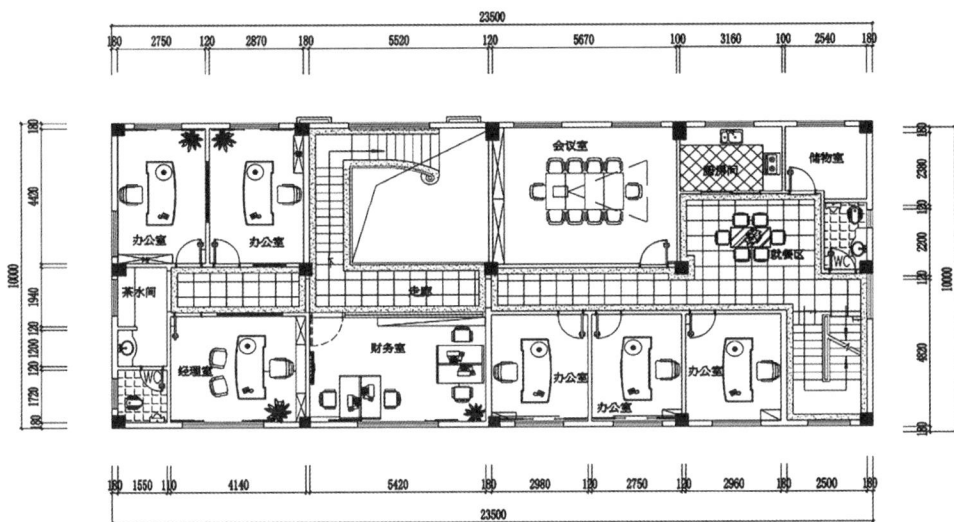

单位：mm

图2-20 平面布置图

第五步，平面图转化成轴测图（图2-21）。

通过以上一个简单空间设计表达与构思步骤的基本运用，不难发现，初步设计中很多时候要结合客户的要求进行工作才会使做出来的方案有意义，一旦离开了客户要求而随心所欲地沉醉在个人的主观情感和思考中，很多时候是无用功。

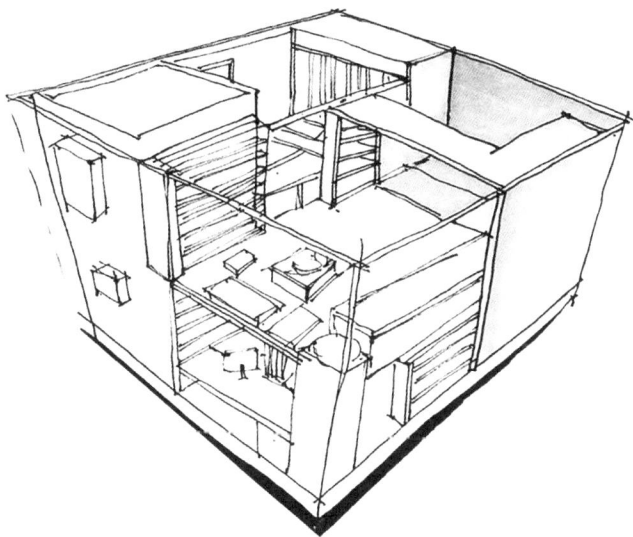

图2-21 轴测效果草图

项目二

地　　点：福建省厦门市某私人别墅

面　　积：520㎡

客户要求：现代欧式，人性化，功能性好，装修预算约50万元。

本别墅共三层，我们以第二层来阐述，通过现场测量和踏勘，得出原建平面图、平面方案图（图2-22）。

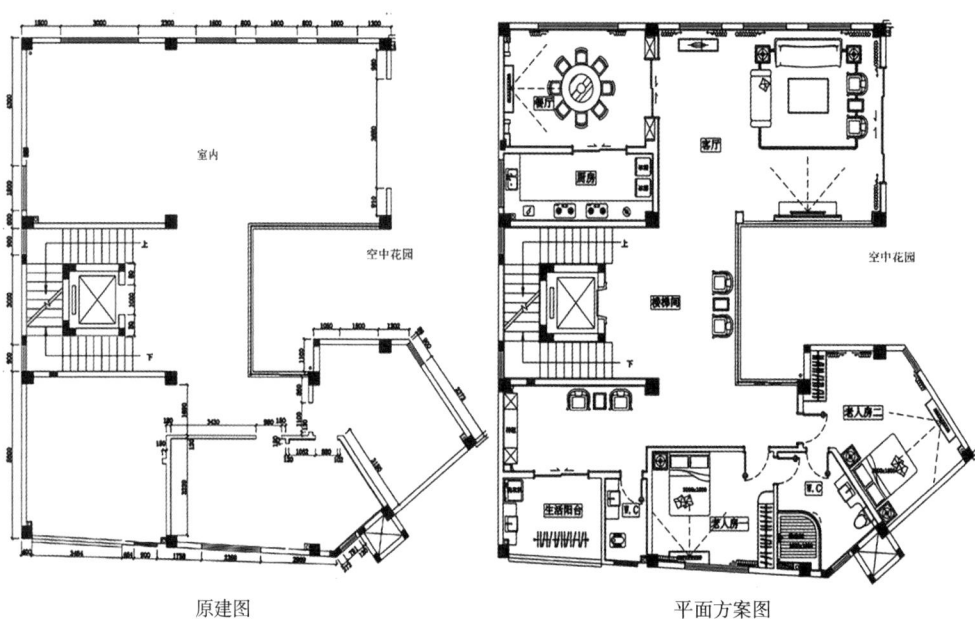

原建图　　　　　　　　　　　　　平面方案图

图2-22 原建图和平面方案图

根据原建图进行分析。第一步，确定功能空间，如有客厅、餐厅、厨房、楼梯间、老人房（2间）、生活阳台、洗手间。第二步，串联空间的行走核心动线，以过道的形式把各空间联系起来。第三步，把软装结合具体功能空间进行家具、电器、饰品等的详细陈列表达。

小结

　　任何室内空间的设计，只要把握基本的步骤，在处理方案的初步设计时会自然地把设计的功能、造型、工艺、材料甚至工程造价等考虑进去。从客户的实际需要出发，通过平面图布置这个关键链，让客户有形象具体的空间理解，其中轴测图的表达起了很有意义的辅助作用。考虑一个室内空间布局，一方面有直观效果的展现，另一方面也是谈成设计业务的重要技巧手段之一。

Tips

　　初步方案的设计离不开直观图的表现！

第三章
室内空间设计的细化完善

前面一章我们已经探讨了初步设计平面图，在确定平面图后，空间设计的整体风格，立面造型、亮点设计，这几个方面是细化的首要任务，这三大问题处理好，下面就是顺藤摸瓜了。很多设计师在做方案的时候会自然地把它们融入工作之中，更便于避免出现孤立设计问题。

一、室内空间划分

（一）家装

包括别墅式住宅、公寓式住宅、集合式住宅、独立或联排式住宅。室内含有玄关、前厅、起居室、客厅、餐厅、书房、厨房、卧室、休息室、储藏室、杂物间、洗手间、阳台、走廊等。

Tips

室内设计空间涉及人们日常的衣食住行，设计师要面对解决的功能空间很多，但居住空间是基本，所以初学者先要从居住空间做起，更全面地了解室内设计空间，毕竟居住空间与我们的关系最为密切。

（二）公装

商业空间：商场、商店、餐饮、市场。

展示空间：博物馆、展览馆、美术馆、交易会展馆、收藏馆。

文体空间：体育馆、游泳馆、幼儿园、图书馆、学校、赛马场、健身房。

观演空间：歌剧院、音乐厅、电影院、演播室、录音室、摄影室。

办公空间：写字楼、办公楼。

交通空间：候机室、车站、候船室。

医疗空间：医院、疗养院、门诊部、药房。

娱乐空间：酒店、酒吧、游艺场、会所、歌舞厅、足浴、桑拿、按摩。

公事空间：殡仪馆、纪念馆、监狱、看守所、戒毒所。

其他：实训室、实验室、厂房、种养房。

二、整体风格

室内设计很多风格源于建筑设计风格，包括巴洛克、洛可可、地中海、美式乡村、欧式古典、现代前卫、现代简约等，不少室内设计人员为了方便客户理解，进一步把室内设计的风格命名为：新中式、新古典、雅致主义、现代简约、混搭风格、北欧风格等，无论大家采用何种风格鉴别称呼，最关键的是要搞清楚各种风格的具体特征和应用场所。

（一）美式乡村

摇椅、小碎花布、野花盆栽、小麦草、水果、瓷盘、铁艺制品等都是其空间中常用元素。

（二）欧式古典

在空间上追求连续性，追求形体的变化和层次。室内外色彩鲜艳，光影变化丰富。室内多用带有图案的壁纸、地毯、窗帘、床罩、帐幔以及古典式装饰画或物件；为体现华丽的风格，家具、门、窗多漆成白色，家具、画框的线条部位饰以金银线、金铝线，体现高贵和文化韵味。

（三）现代前卫

常常采用夸张、变形、断裂、折射、扭曲等手法，打破横平竖直的室内空间造型，运用抽象的图案及波形曲线、曲面或直线、平面的组合，形成独特的装饰设计效果。

（四）现代简约

墙面、地面、顶棚以及家具陈设乃至灯具器皿等均以简洁的造型、纯洁的质地、精细的工艺为主，尽可能不用装饰和取消多余的东西，体现现代的轻盈感觉。

（五）地中海

常选用高雅的浅色调，蓝色、白色成为其特征色彩，拱形状玻璃，特有的罗马柱般的装饰线简洁明快，加之原木家具，用现代工艺呈现出别有情趣的乡村格调。

（六）新古典

用简化的手法、现代的材料和加工技术追求传统样式的大致轮廓特征，富有文化传承之感。

（七）新中式

将现代元素和传统元素结合，用现代的装饰材料与传承风格结合，以现代人的审美来打造富有传统韵味的事物。

（八）雅致主义

注重线型的搭配和颜色的协调，讲求模式化，注重文脉，追求人情味，在造型设计的构图理论中汲取其他艺术或自然科学概念，追求品位和和谐的色彩搭配，反对强烈的色彩反差和重金属味道，力求拉近与人的亲和感。

（九）日式风格

注重一种境界，追求淡雅节制、深邃禅意的感觉，可使用榻榻米、推拉格栅、日式茶桌、米+白的色彩搭配、原木色家具、和风面料靠垫等元素。

（十）混搭

"混搭"不是百搭，讲求"形散而神不散"，符合当今人们追求个性、洒脱的生活态度。

以上是室内设计中常用风格的总结，大家也可以养成对知识归类整理的习惯，便于在工作学习中应用与体会，从而作为自己的设计创新基础和参照。

三、草图勾画设计风格

设计师根据具体的空间特点和客户的要求，结合平面图的后置方向把风格用手绘的形式画出以辅助自己的构思，这是很必要的，往往很多室内空间风格是在充分草拟后才更合理准确。例如，现在要做一个4m×5m的客厅设计，要求是做成现代简约的风格，根据条件，可以快速画出草图（图3-1）。

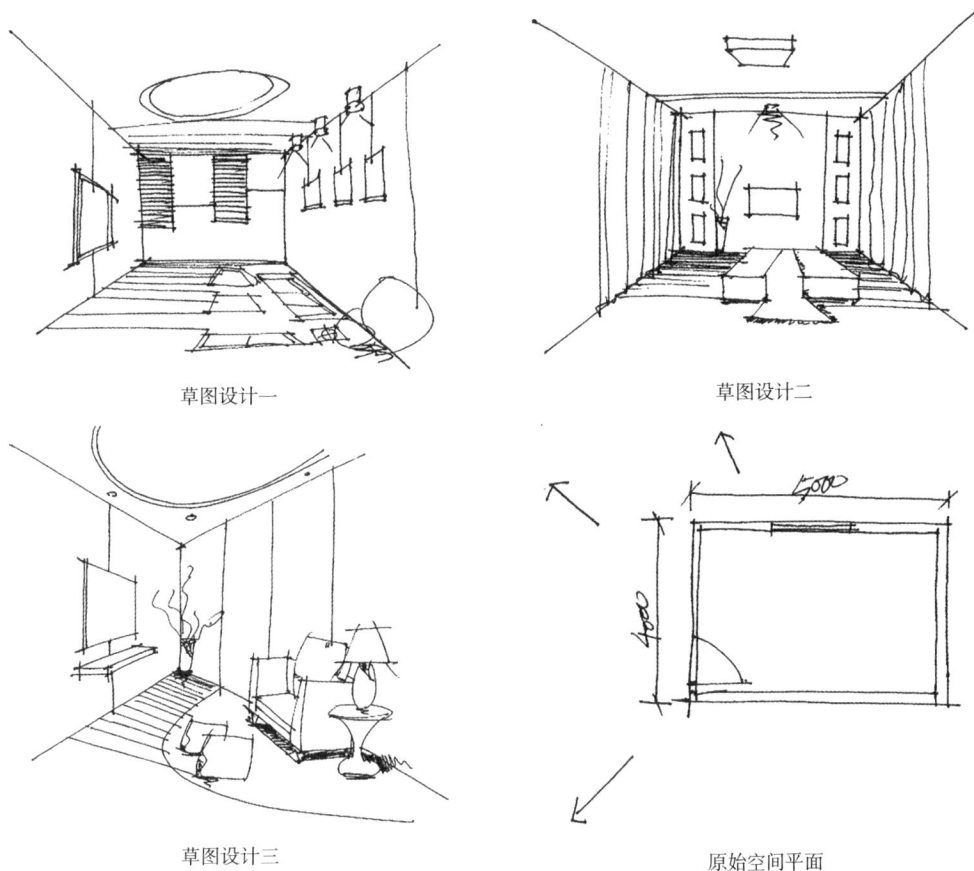

草图设计一

草图设计二

草图设计三

原始空间平面

图3-1 空间草图设计

四、软装设计

软装设计是在草图勾画出来后，有了草稿作为基础，接下来要把一些重要的元素和特点表达出来或通过其他资料将其标识好，为设计效果图收集和整理素材。继续完善上例，如台灯、吊灯、鸟笼、水果盘、装饰花瓶、单人沙发、室内植物等的设计（图3-2）。

图3-2 软装产品设计草图

软装设计又称软装饰设计，不少初学者都有一个误区，认为软装设计是做好室内装修工程后才进行，其实这样会导致设计的整体脱节性，因为室内空间的布置尺寸可能会与软装家具不一致，所以要把软装需要的或将会用到的东西在做硬装设计时候就考虑进去，软装中的家具、装饰陈列艺术品、窗帘、布艺、沙发套、灯饰、装饰画、屏风等，都应在草图风格构思中融入设计思考。一般来说，进行软装方案设计时，综合硬装和软装设计方案，可在草稿透视图四周用指示图表示想要运用的软装产品，围绕核心主题进行软装思考（图3-3）。

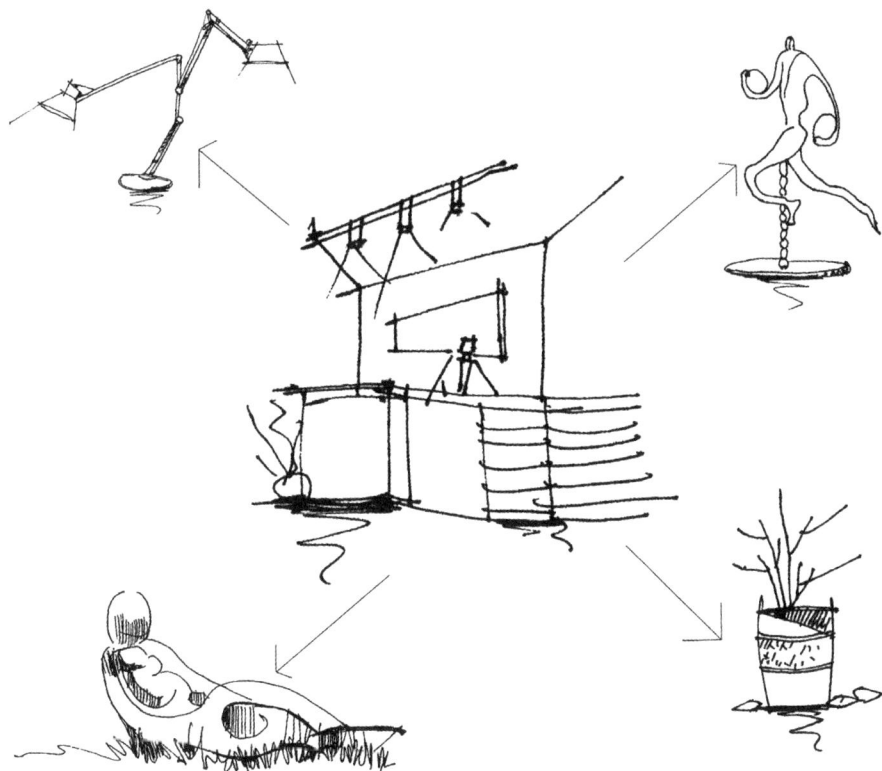

图3-3 围绕核心主题进行软装思考图示

随着室内设计工作的细化和专业化，软装设计已经成为常见的室内设计工作，这也在一定程度上要求室内设计师学会用更巧妙、更艺术、更科学的构思去营造一个全新的空间环境。在我们把大的效果在平面图、立体图和透视效果图中用意向图和手稿表达出来的时候，不难发现，有很多地方软装设计的局部也需要细化。例如，地毯和空间的合理搭配，包括地毯的颜色、图案、肌理、材质都要表达出来。

很多时候，为了融合特定的室内空间，需要设计人员去特别设计它，并结合风格设计特点去综合考虑。例如，你要做某一风格的软装设计产品，就以此类元素为核心发散思考，进行提取和加工，提炼出自己想要的东西。再如，想做一个有工业感的室内空间设计，有可能需要一些工业材料做辅助和点缀，如管道、金属、插座、电线甚至汽车的废弃轮胎、方向盘、机械元件等来巧妙融合（图3-4）。

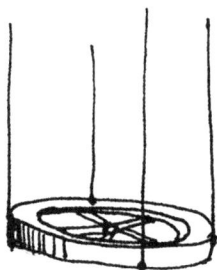

轮胎秋千

方向盘挂饰

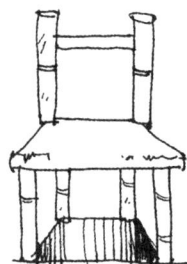

金属管构造椅

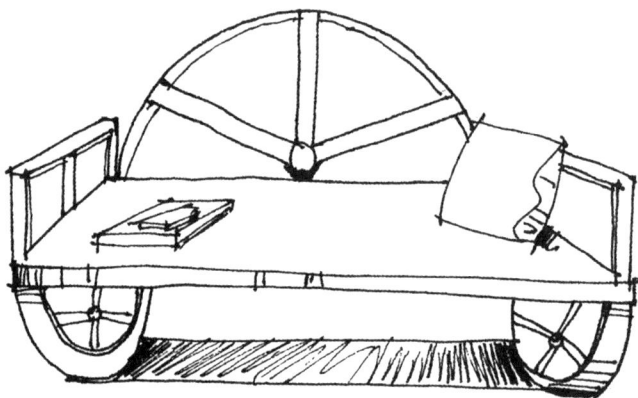

利用汽车轮胎和钢板设计的沙发

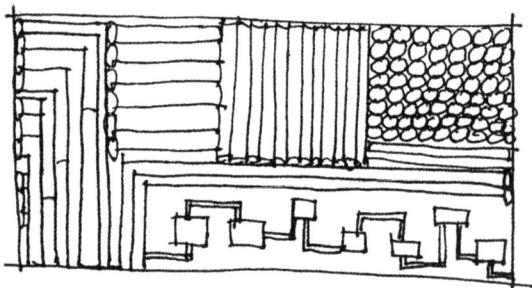

管道、插座、电缆组合的展示背景图案

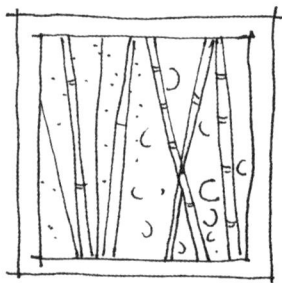

钢条、钢丝、油漆等综合材料设计的装饰画

图3-4 巧用材料进行产品改造

　　细心观察和留意身边的废弃物品，变废为宝，循环利用，努力做出绿色环保的设计产品，也是当代设计师的义务和职责之一！

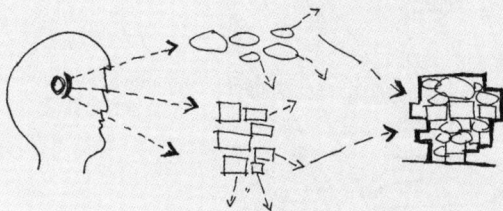

　　类似用这样的物件去装饰室内设计的软装部分的方法很多，初学者或设计人员可举一反三，发散思维去创作更多的室内软装饰品。有些人认为这是工业设计人员要去做的事情，其实不对的，一个真正出色的室内设计师，其必然要在作品中融入工业设计、建筑设计、平面设计、绘画、雕塑、染织设计等综合艺术设计一起。很多成功的设计大师，如阿尔托阿图等人，集建筑设计师、工业设计师、室内设计师、景观设计师、艺术家于一身。室内设计是一门综合学科，对相关相邻的知识的综合掌握是室内设计师的必备条件（图3-5~图3-7）。

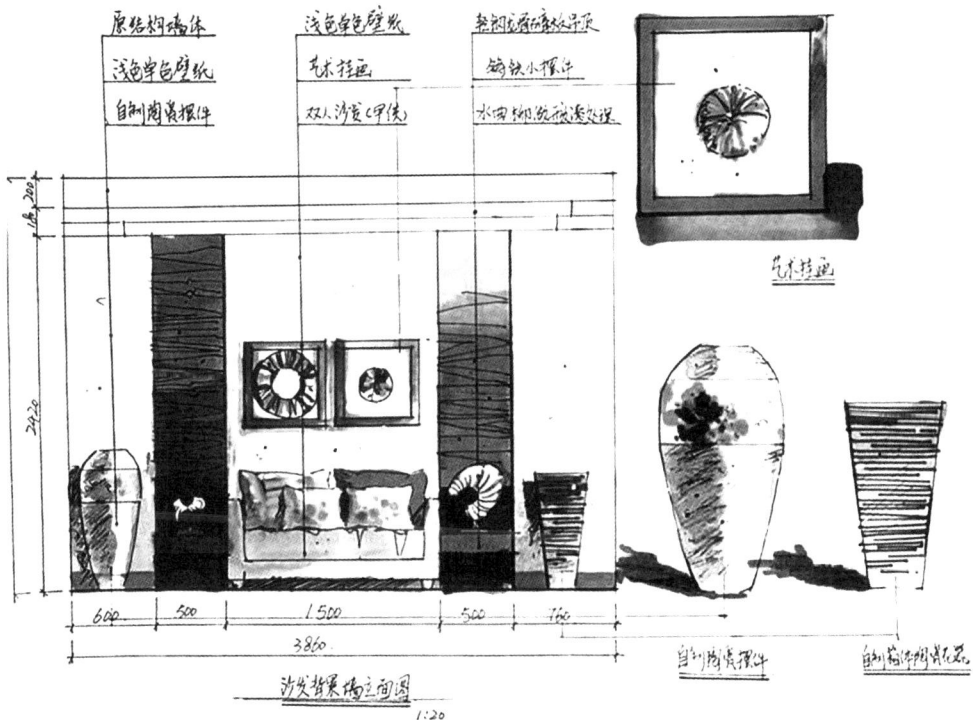

图3-5 室内软装设计的综合应用

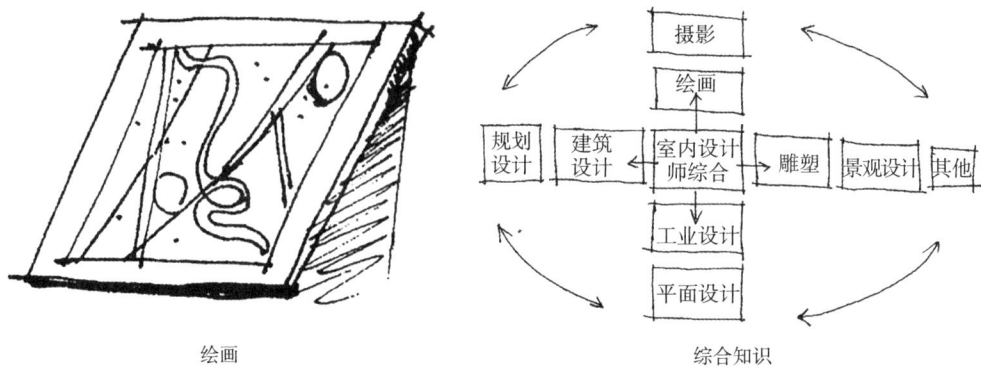

绘画

综合知识

图3-6 室内设计师的整体知识面

植物一　　　　工业艺术吊灯　　　　小水景　　　雕塑饰品　　　　酒杯

平面构成屏风造型

植物二　　　　　茶几　　　　椅子

建筑造型背景

综合艺术设计的室内空间整合

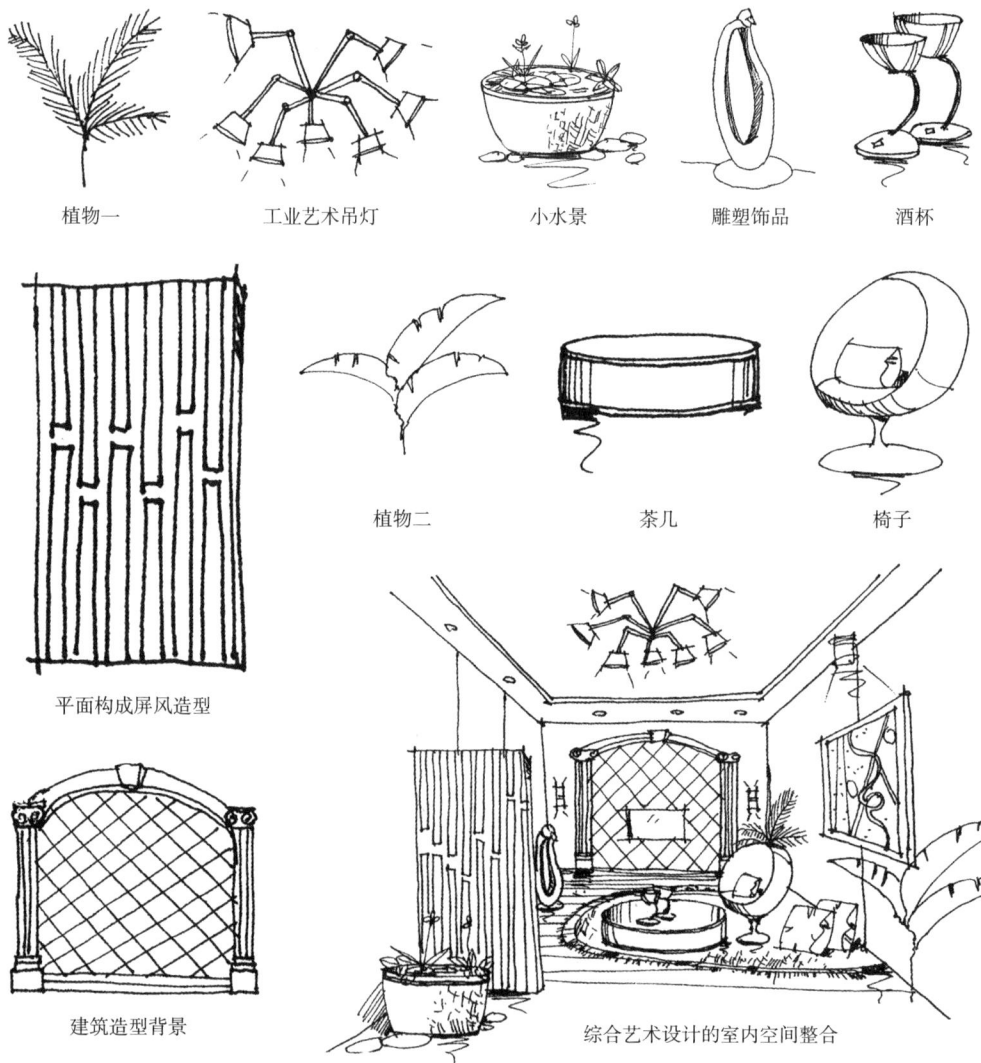

图3-7 综合应用元素分解和整合设计

严格来说，室内植物的配置设计也是软装设计的一部分，室内植物设计会增加室内设计的装饰性和功能性。室内植物在空间设计已成为一个重要配角，不过这类植物有很多，要设计人员全部掌握很难，但设计师可以根据具体地域的需要选择一些利于具体设计的常用室内植物，了解其生长特征以及作用。例如，在我国南方，白掌、富贵竹、棕竹、凤梨、仙人掌、文竹、发财树等较为常用。

软装设计本身就伴随室内设计而产生，只不过现在很多设计师开始对它又重新关注或翻炒而已。软装产品的来源不一定只通过商场购买和工厂批量生产获得，也可以去二手家具市场、古玩饰品市场、废品站寻找。大自然中也有很多天然有趣的东西，动手能力好的甚至可以自己做。对室内陈设软装产品的可持续利用、环保、美观是室内设计当前的基本前提和要求，随着社会分工的细化和专业化，软装设计业也会逐渐完善和规范。

五、立面图应用

立面图在平面图初步设计草稿的基础上进行更精确的立体空间的造型描绘，其与我们的设计方案能否实施具有十分密切的作用，立面图的思考表达最常见的方法是先大致将立面造型简单勾画出来，再根据勾画的草图完善、定稿（图3-8）。

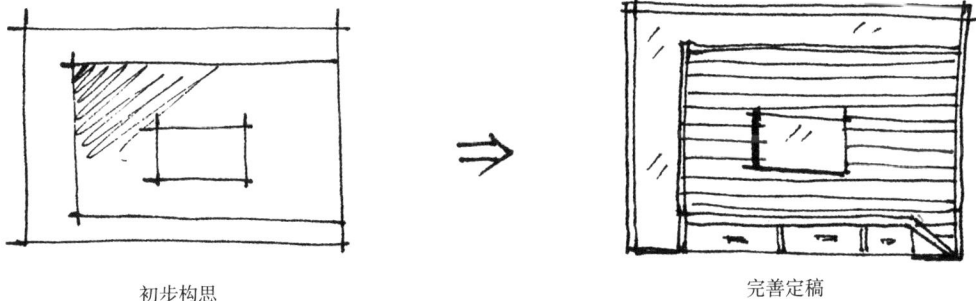

初步构思　　　　　　　　　　　　　完善定稿

图3-8 立面的深化思考过程

立面图的造型设计跟上述讲的平面图设计方法造型原理一样，含有图形创意设计法（等比例表格法）、图形衍生法、拼凑图形法（图3-9）。

软装设计离不开硬装设计的设计思路，硬装在很大程度上已经对后期软装的方向做了指引，如果软装设计脱离了原来的总体设计构思，单独去另外设计，会出现很多设计的重复和浪费。因此，在设计时，要围绕初步设计构思时定好的风格来进行，注意形成与表达的内容统一。例如，现在要做一个新中式风格的空间，在设计电视背景墙时，就要先提取元素，新中式设计要注意哪些元素，由此综合起来思考，如中式元素有如意云图案、灯笼、水墨画、文房四宝等具有明显中华民族特征的素材（图3-10）。

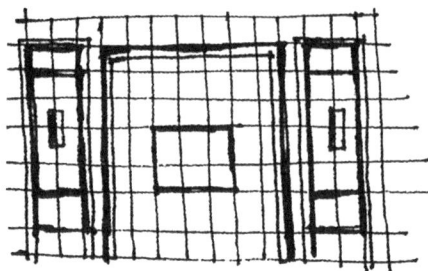

等比例表格法

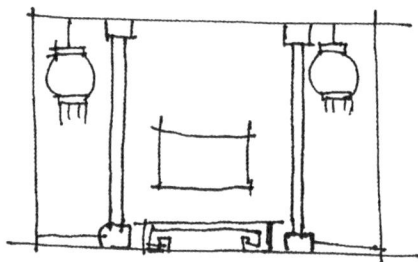

图形衍生法

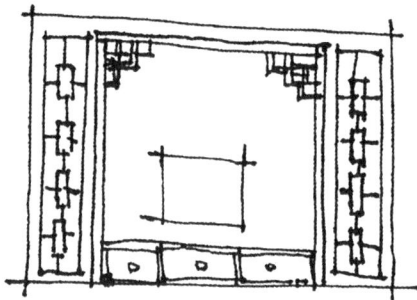

拼凑图形法

图3-9 立面图设计方法的应用

Tips

"做设计时尽可能以联想的思维思考，不能只看某一局部，要不然做出的东西很难有突破！"

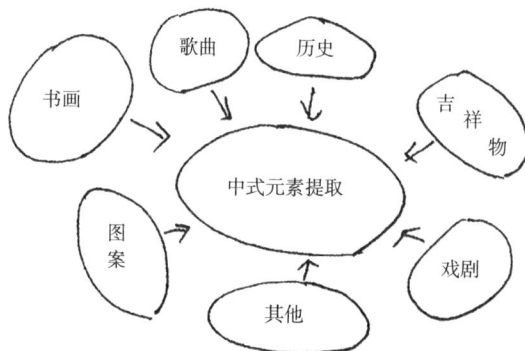

图3-10 中式内涵元素提取分析

六、空间面块线条语言

（一）横线

横线给人一种平静、扩展、深邃、联想的微妙感觉，在室内空间造型中发挥着重要作用，一定程度上给空间起了定格的作用（图3-11）。

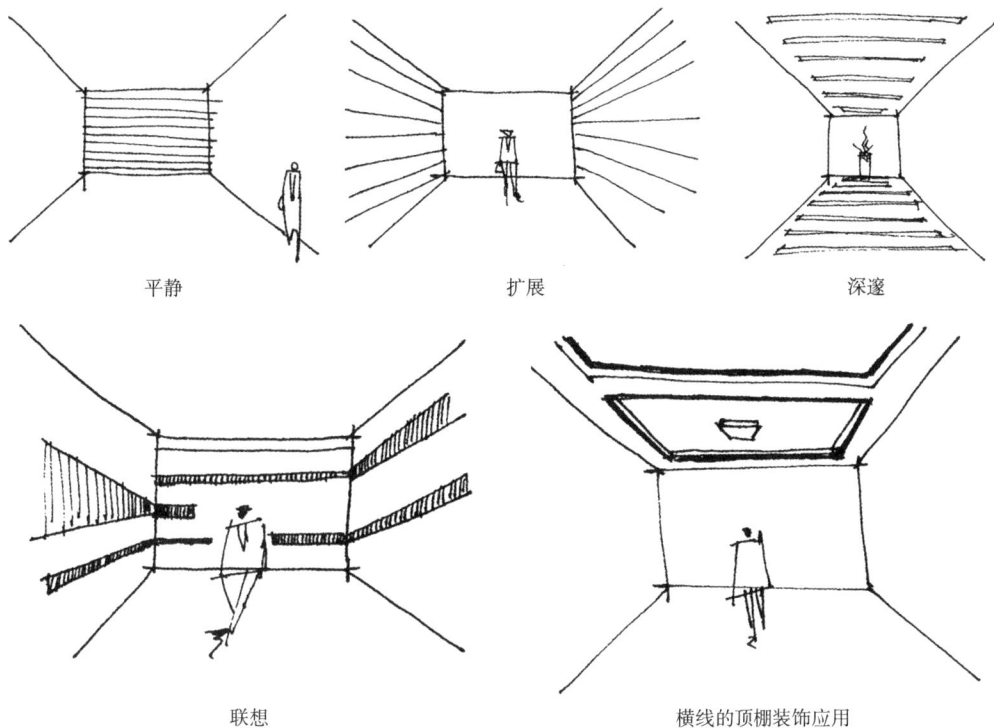

平静　　　　　　　　　扩展　　　　　　　　　深邃

联想　　　　　　　　横线的顶棚装饰应用

图3-11 横线语言效果

（二）竖线

竖线给人一种沉稳、力量、严肃、肯定的导向感觉，这类线在室内空间应用上一般会在层高相对比较高的地方，让竖线有一定的高度，突出竖线的特点。例如，法院等机关单位门口高大笔直的柱子，突出其高大庄严的形象（图3-12）。

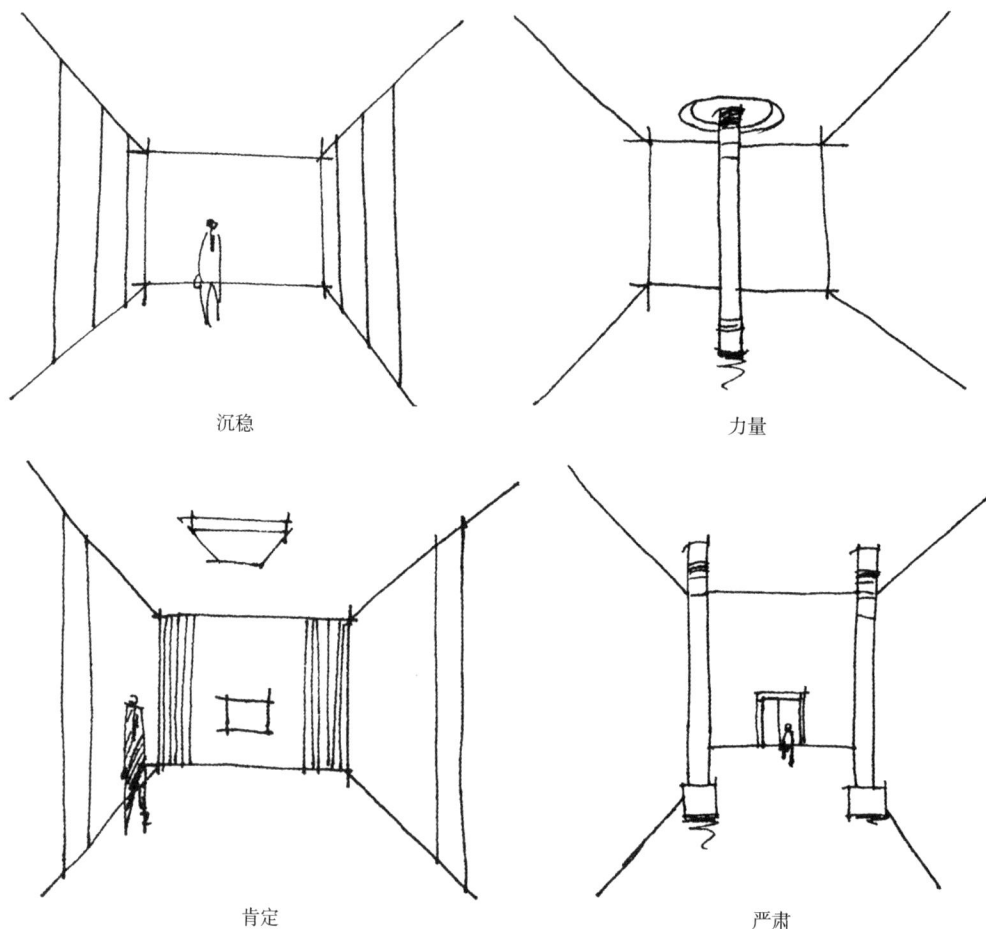

沉稳

力量

肯定

严肃

图3-12 竖线语言效果

（三）斜线

斜线给人一种方向、推动、变幻、大胆、随意之感，在娱乐空间应用较为广泛，如歌厅、会所、桑拿房、足浴房、大堂等（图3-13）。

（四）曲线

曲线是一种最容易表现灵动感的线条，给人一种运动、欢快、飞翔、融合的感觉，在舞蹈室、歌剧厅、运动室、幼儿园、儿童活动中心等的室内空间设计中应用较为常见（图3-14）。

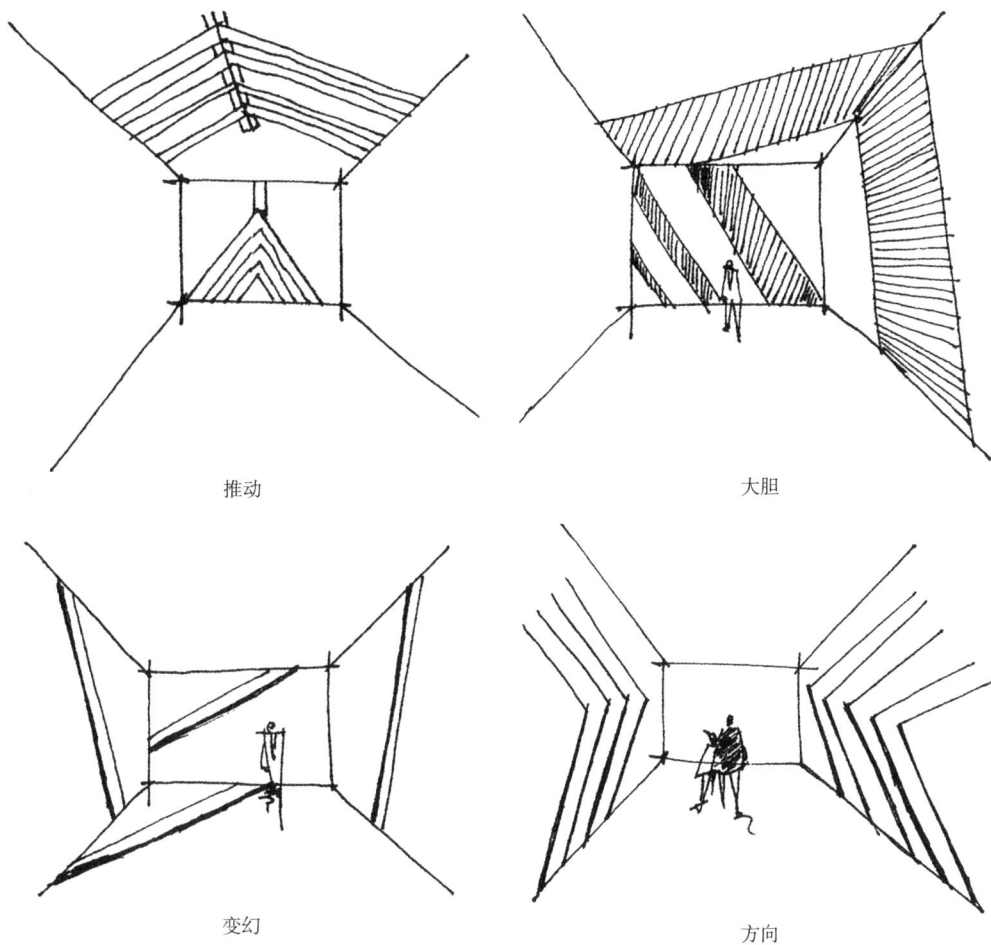

推动

大胆

变幻

方向

图3-13 斜线语言效果

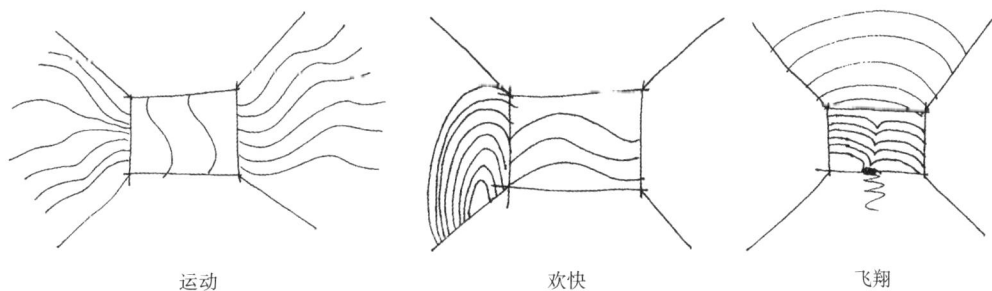

运动

欢快

飞翔

图3-14

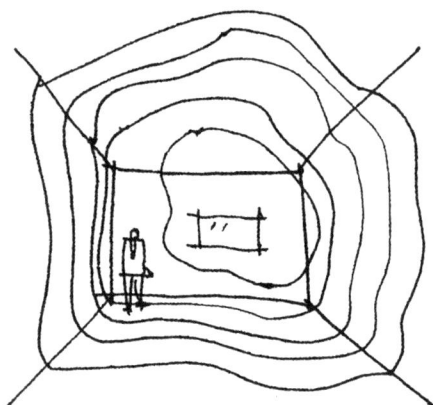

融合

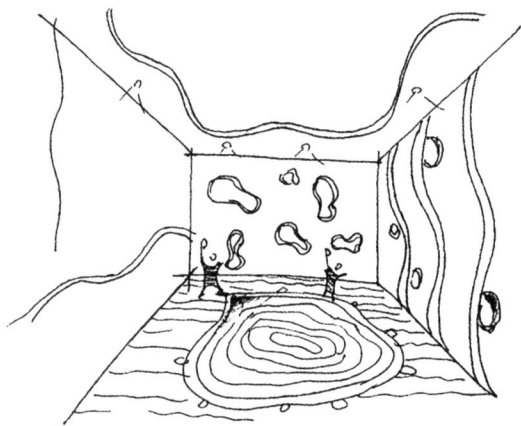

幼儿园室内空间的曲线设计应用

图3-14 曲线语言效果

　　有了以上对基础线条的认识，在空间立面上构思设计就容易很多，毕竟线条既是情感的表现，又是美感表现的基本要素，正是由于线条如此有趣，也使得了设计行业出现了跨界。所谓跨界就是在各个领域中都有接触，有所作为，甚至有更大的建树，如著名跨界艺术家黑马大叔（张小平），其本身是广告设计师，但其在绘画、书法、雕塑、空间设计等方面同样有相当高的成绩。当代室内设计师中真正读这个专业出身的并不多，不少人在从事这一行之前可能是学平面设计、绘画、雕塑、建筑设计、景观和规划设计、工业设计等相关学科，也有部分是读法律、管理、会计等毫无相关的专业。但无论来自何种专业，凭着兴趣和努力，扎实基础艺术设计知识，通过工作经验的实践积累，同样也能成为合格的设计室内师，甚至有所建树。随着社会、生活的综合提升，跨界艺术家、设计师将会是社会的发展趋势。

　　总的来说，线是设计的语言，不论何人使用，它最终是空间特征的综合灵韵表现，优秀的设计人员能把它熟练掌握，接下来进行的立面设计工作就会显得更加轻松。

七、立面图细化

　　室内立面图直接指导施工人员施工工作的开展，立面图表达不清晰或出现差错，如果现场人员没有及时发现，就极有可能造成装修的人工、材料的浪费，更严重的会把整个空间的设计彻底改变。在立面图绘制设计时，经常会出现的错误有以下两个方面。

（一）立面图的高度不准确

产生的原因包括：初学者没有考虑到地面的找平和铺贴材料之后的高度；绘制时没有结合楼板的情况去考虑；没有把梁的高度大小和位置弄清楚；楼板是否有沉池位没认真确定；设计时没考虑空调位置与管道走向等(图3-15)。

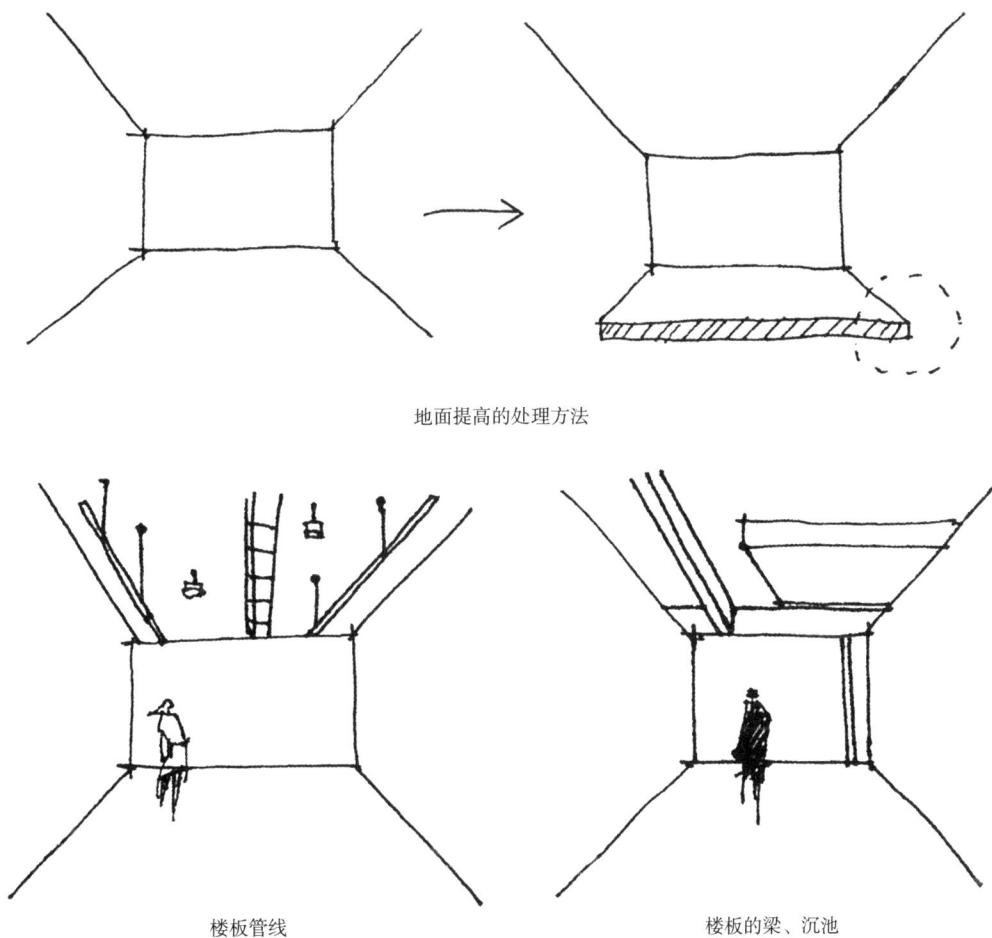

地面提高的处理方法

楼板管线

楼板的梁、沉池

图3-15 立面图高度不准确的处理

（二）立面图的宽度有误

产生的原因包括：没有注意到现场有管道或其他线管，甚至现场有弯管；没有把柱子大小准确测量出来；插座、管道、线管与弯头、柱子、高度变化和宽度变化没掌握好（图3-16）。

室内空间的实际高度、宽度变化要弄清楚，确保空间重点界面设计的可行性（图3-17）。

立面图的标示要标明材料、尺寸、图名、大样图索引、剖面图索引、比例数值，在立面图中强调标示的清晰、详细，尤其标注材料，不然施工起来就会出现问题。另外，在标示立面图时，很多装饰设计公司为了读图人更清楚、更直观地看图，一般会把平面图缩小比例连同立面图放在同一页纸上图（图3-18、图3-19）。

在图纸中，最好能把墙的厚度、梁的位置也表达出来，很多设计人员为了赶时间将其省略，其实这样不利于图纸的查看和比较。建议初学者一开始就严格细致地把图具体、准确地绘制出来，养成一个良好的设计作图习惯。

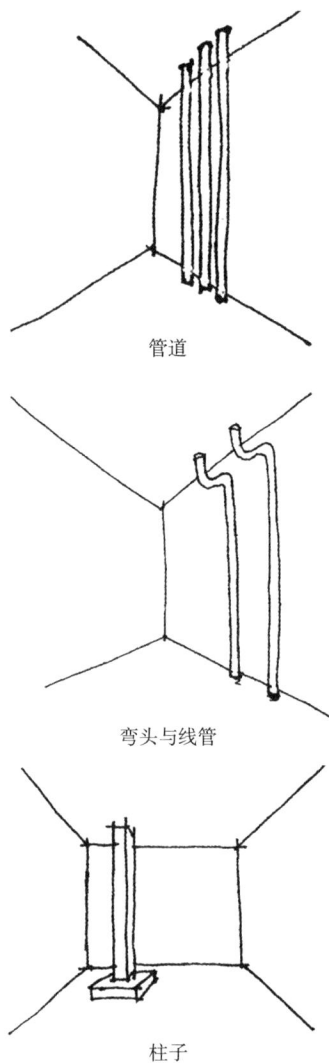

管道

弯头与线管

柱子

图3-16 影响立面宽度的问题

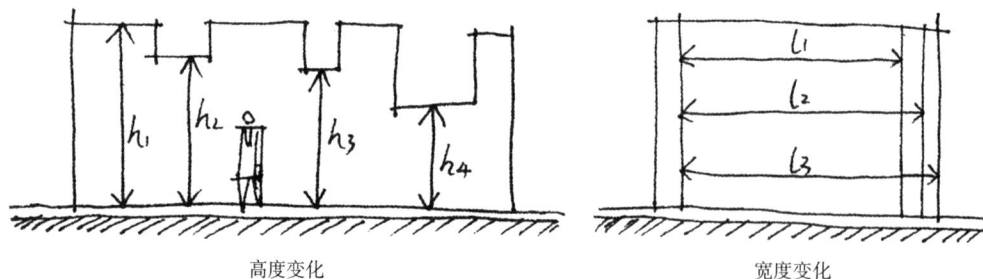

高度变化

宽度变化

图3-17 空间的高度和宽度的准确性

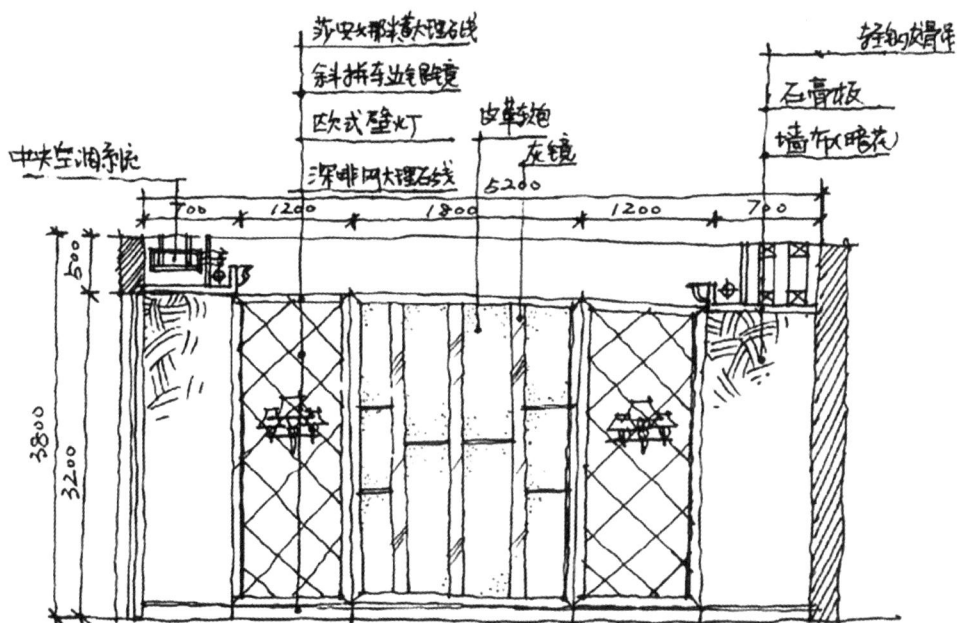

卧室床头背景立面图

图中标注文字：

莎安娜米黄大理石线
斜拼车边银镜
欧式壁灯
皮革软包
灰镜
深咖网大理石线
中央空调系统
轻钢龙骨
石膏板
墙布(暗花)

尺寸标注：700 1200 1800 5200 1200 700
3800 3200 500

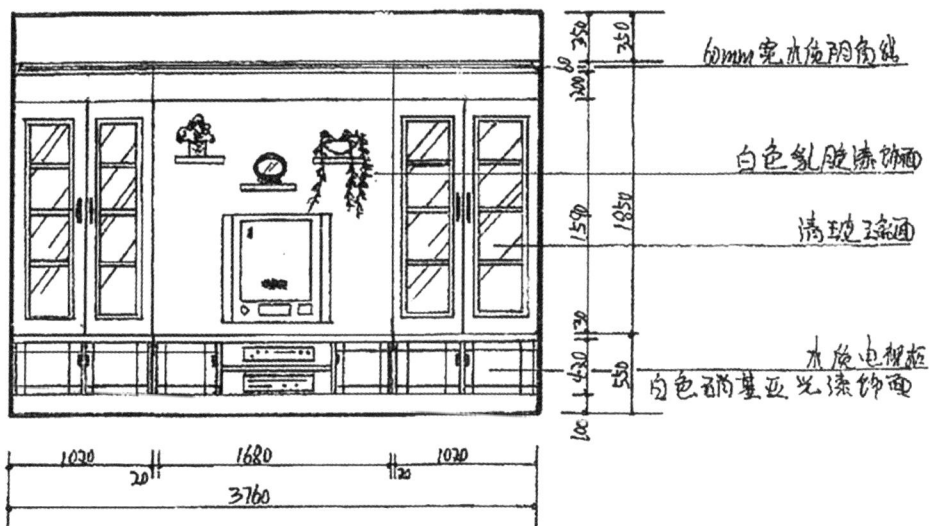

电视背景立面图

图中标注文字：

60mm宽木质阴角线
白色乳胶漆饰面
清玻玻璃面
木质电视柜
白色酚基亚光漆饰面

尺寸标注：350 1850 130 450
1020 20 1620 20 1020
3760

图3-18 不同界面的背景立面图

Tips

图纸表达不清楚，用什么材料、尺寸多大等问题要标示出来，不然工人很难施工啊！

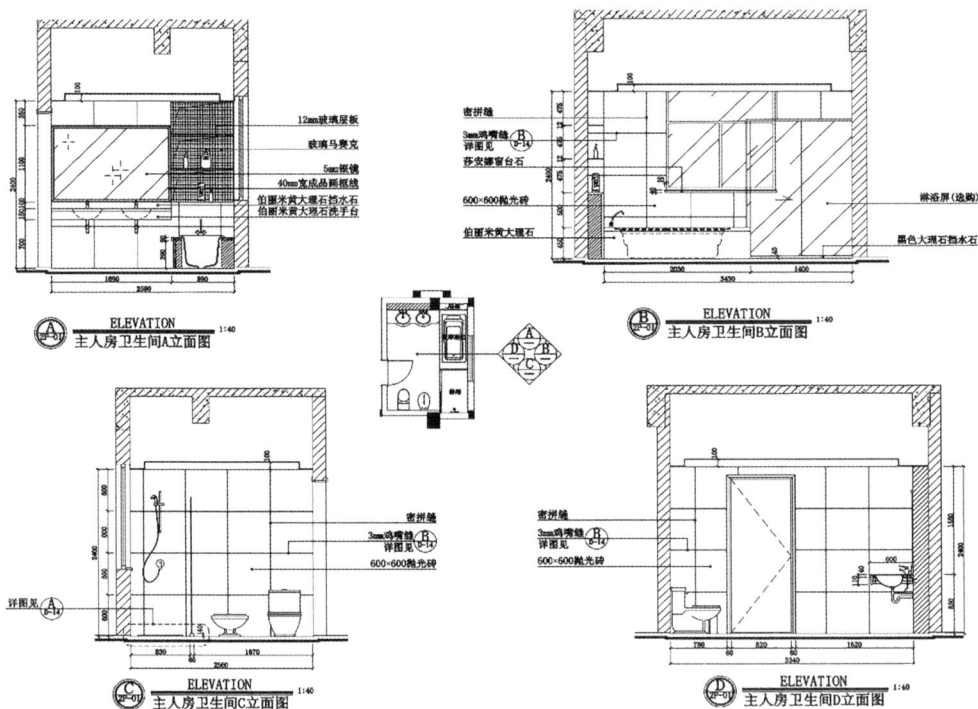

图3-19 立面图的规范画法

室内空间设计人员要能精准估算尺寸且尺寸合理，这样画立面图或做室内空间造型时才切实可行，避免出现只有构思而脱离实际的情况出现。通常情况下，初学者要随身带一把卷尺，还要记一下自己身体肢体的尺寸，以其辅助测量。例如，一拃会有多长，匀速走路两脚前后之间一般有多大距离，自己双手伸直展开的长度、身高等（图3-20）。

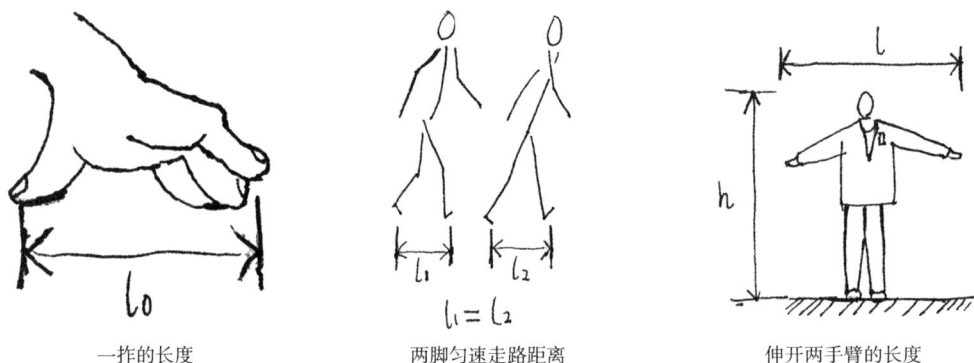

一拃的长度　　　　　　　　两脚匀速走路距离　　　　　　伸开两手臂的长度

图3-20 利用肢体辅助测量

在绘制立面图时，要把自己当作木工、水电工、泥水工、油漆工等施工人员，这样一来，就会更好地根据实际情况画立面图，因为自己施工会很想知道哪些地方要画，不画会有什么后果，如果按照这样的方法去做，会更利于施工和节约成本，又不失美观。有了这些细化的思想，画出来的立面图质量才会好。

八、剖面图

有了立面图的绘制设计表现后，剩下的图就相对清晰了，但在某些面的做法的表达上需要进一步剖析，以方便把其结构更具体地展现出来，让施工人员方便处理内部结构建造。在构思剖面图时要注意剖面方向，很多设计人员在画平面图或立面图时会把剖面图索引符号标示出来，这种做法会比较直观（图3-21）。

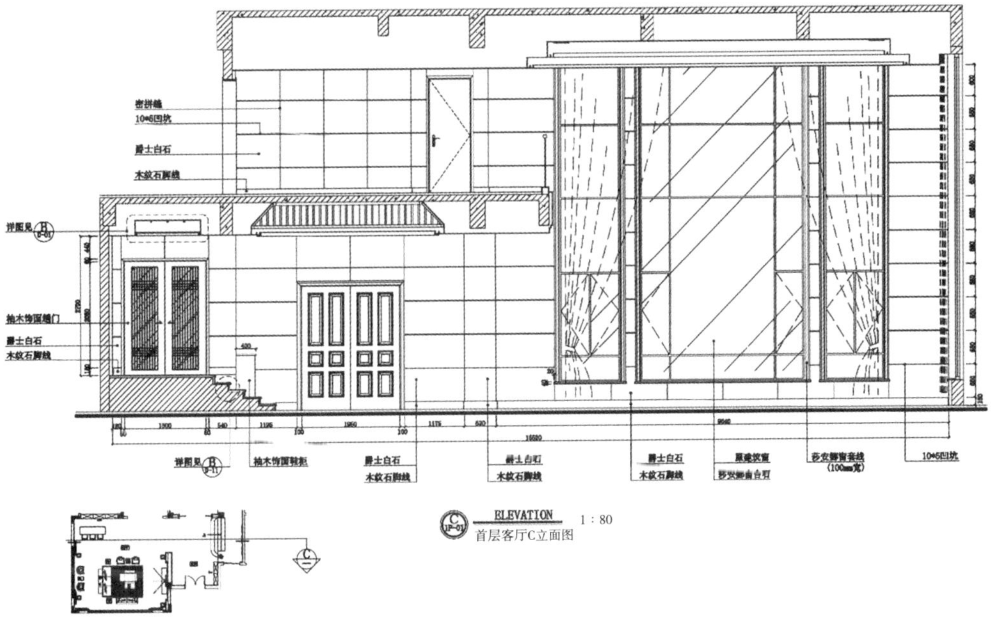

图3-21 客厅某界面剖面图

由于在室内设计中画立面图时必须结合剖面图来进行，现在不少设计师会把剖面图与立面图结合起来画，更利于施工人员对施工工艺和结构的理解。不过剖面图在建筑设计的图纸中应用更加频繁具体，如要表达一个房子的内部结构，得要先把内部轮廓画出来，标好尺寸、数据、标高、轴号等（图3-22）。

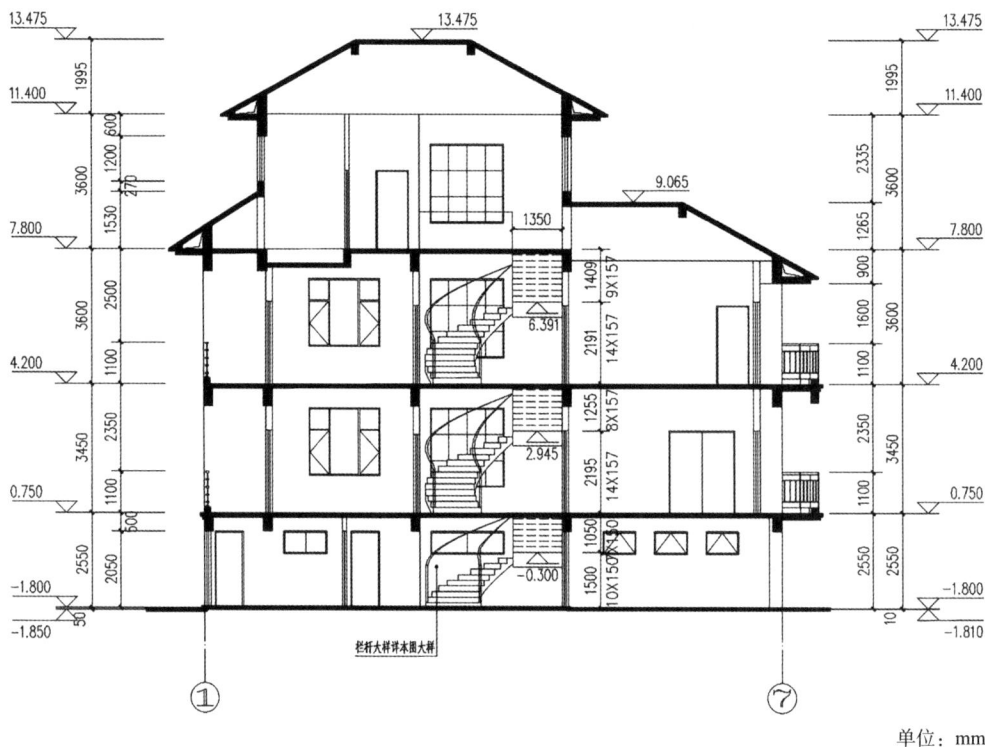

单位：mm

图3-22 建筑剖面图

九、大样图

初学者由于室内装修实践经验少，对大样图一般比较陌生或难以理解一些施工做法，这是很正常的，毕竟没有亲眼看过或做过。大样图是对施工收口、细节构造等的解析图，也可以称为详细图（详图），通俗一点理解就是室内施工局部的放大图，也是整套施工图设计的最后关键一环（图3-23）。室内设计中常见的大样图有踢脚线、石套线、背景造型线等与细节造型装饰相关的地方，画这类图要求设计人员先要自己弄明白如何去施工、尺寸如何把握才美观、用到的材料哪一些才合理、造型与风格是否一致、是否耐用等，建议初入门的学生和设计人员一开始不要画一些大的且连续性变化复杂的大样图，必须要画的话，可以把其拆开分几部分细画，这样利于自己的理解和提高准确性。如果以上方法还不能进行大样图绘制设计工作的话，还可以用最后一招，即背大样图。这个方法听起来过于呆板和原始，但是通过记图然后去现场看或请教别人，吸收消化会很快，也容易上手。一般有施工图绘制经验熟练的设计人员会有同感，室内设计的大样图大同小异，初学者背熟弄懂一些常用、常见的施工图更加实际，当然这个方法也适合用在常规的立面、剖面等绘图设计工作中（图3-24、图3-25）。

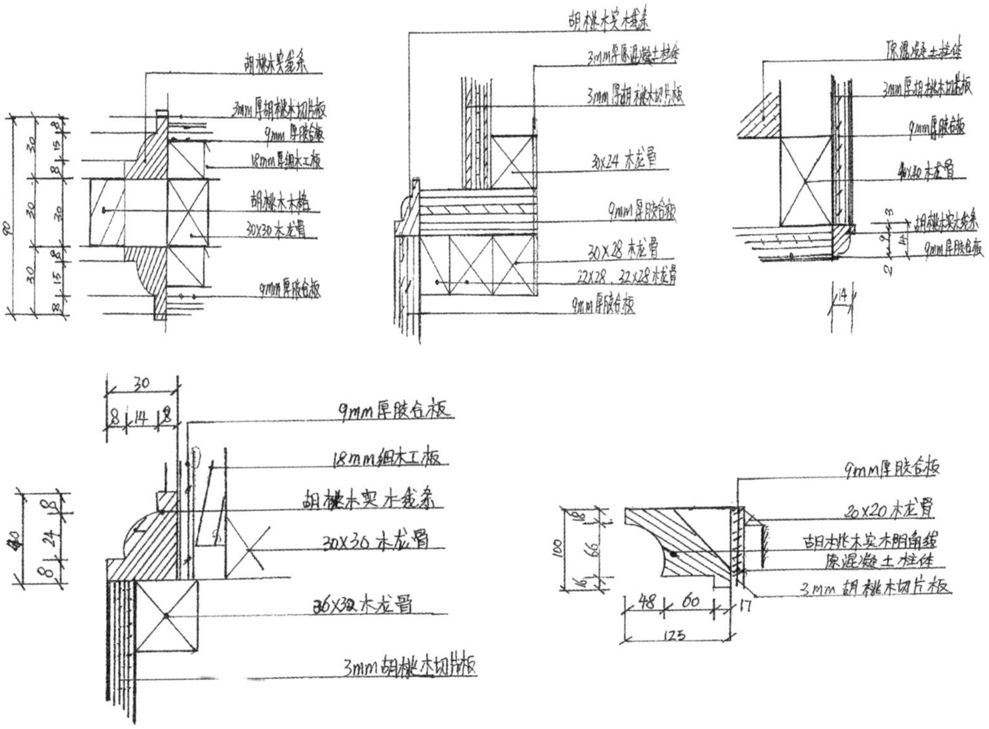

图3-23 不同装饰部位的手绘大样图

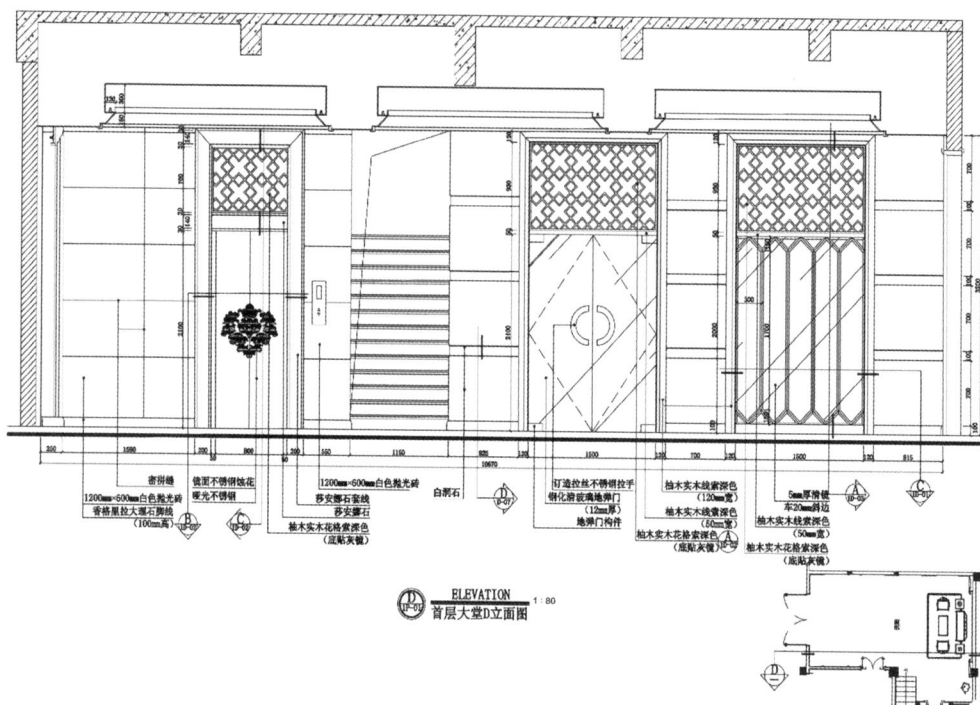

图3-24 某宾馆首层大堂立面图

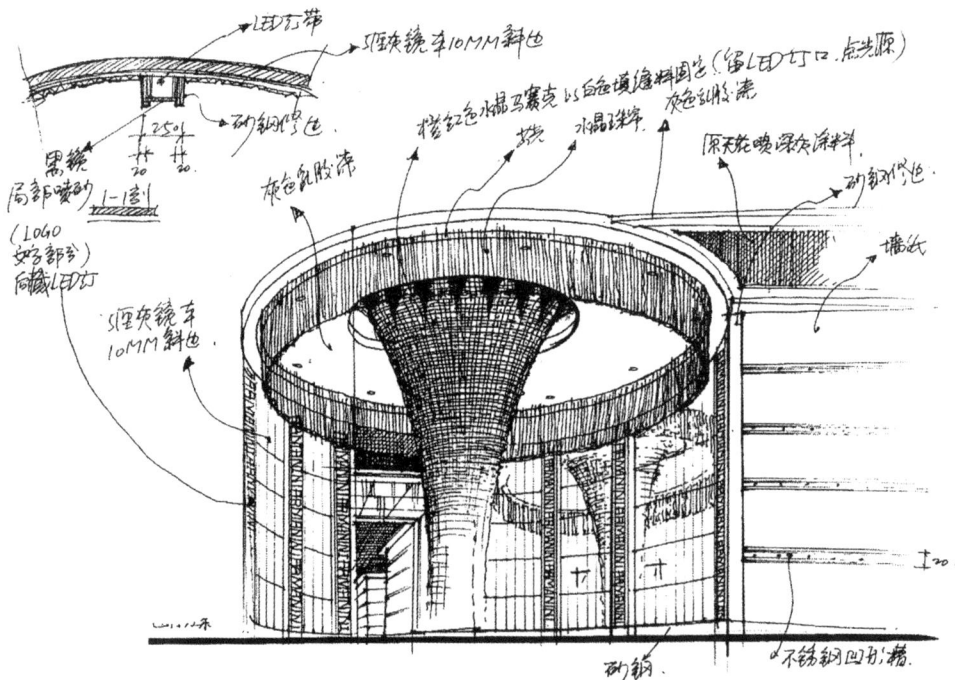

图3-25 某娱乐空间入口效果大样分析

小结

设计人员做好了空间的深化设计图后，对设计方与施工方都十分有利，施工方避免了无效的施工，设计方也会避免设计失误带来的损失。室内空间的深化是一项精细工作，初学者如果单靠自己凭空理解和想象去绘

Tips

看似一个简单的室内空间，其实它已经包含了室内装饰结构、室内设计资料（素材）整理提炼、人体工程学、装饰材料等多方面的专业内容，还要设计人员多向他人请教学习、看现场设计而调整等，是一项综合的活动行为！

制设计，很难顺利完成，毕竟这是与实践施工最近距离的一步，这一环节做得好与坏将严重影响整个设计工程项目的实现。除了通过室内设计资料、装饰构造、人体工程学、装饰材料的大众渠道外，可运用另外三大法宝，即背图、看现场、请教，综合这些过程，形成有效的室内设计学习方法（图3-26、图3-27）。

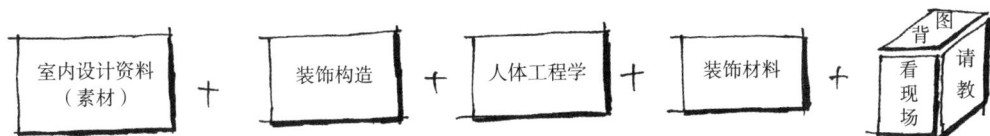

图3-26 室内设计学习环节

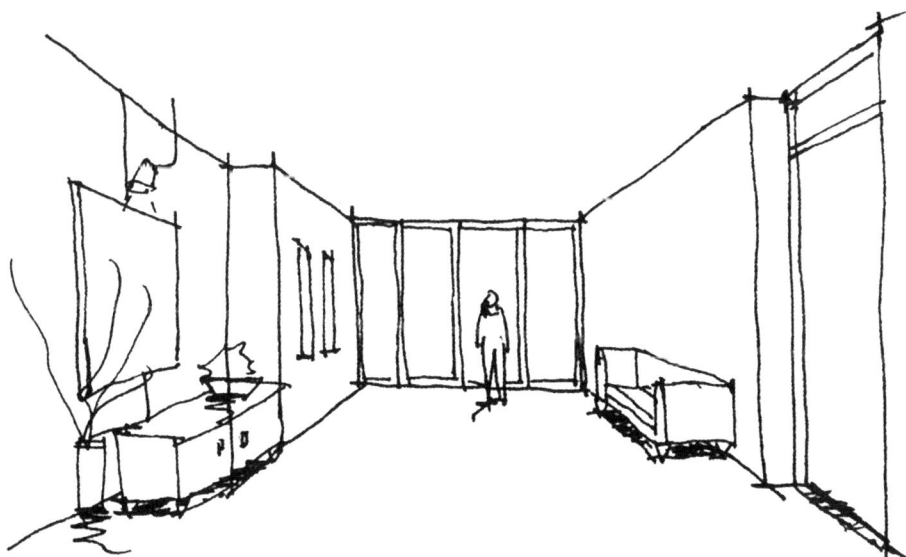

图3-27 室内空间设计的综合思考

第四章

设计方案的综合应用

通过前三章的阐述，相信大家会对室内空间设计的学习与应用方法有一定的理解。本章会围绕笔者在实际工作中的案例一起与大家学习交流。方案设计是一个经过严谨思考、多方面综合的过程，它不是快餐式工作程序，需要设计人员有一个完整的工作计划和步骤，下面我们以利于初学者理解的实例来进行综合分析（图4-1）。

图4-1 各类空间设计共性流程

一、实例应用中的方案分析

（一）实例一：写字楼办公室

南方某市的一个写字楼办公室，业主是一位40岁左右的成功女性，性格随和，其主要经营婴儿车外贸业务，要求设计与施工总成本控制在22万元左右，业主设计要求现代、简约、实用、美观、经济，另外特别要求是将业主代理的涂料产品装饰柱也同时用在这次设计中，室内的天花要露出来，并体现艺术感（图4-2）。

方案一

方案形成： 根据客户要求，在设计方案时，找了与办公室设计相关的意向图片给她欣赏，业主选择了某一类开放式现代办公室空间室内设计风格，基于意向图片以及对业主的初步了解，设计人员绘制设计了行走路线图（图4-3）。

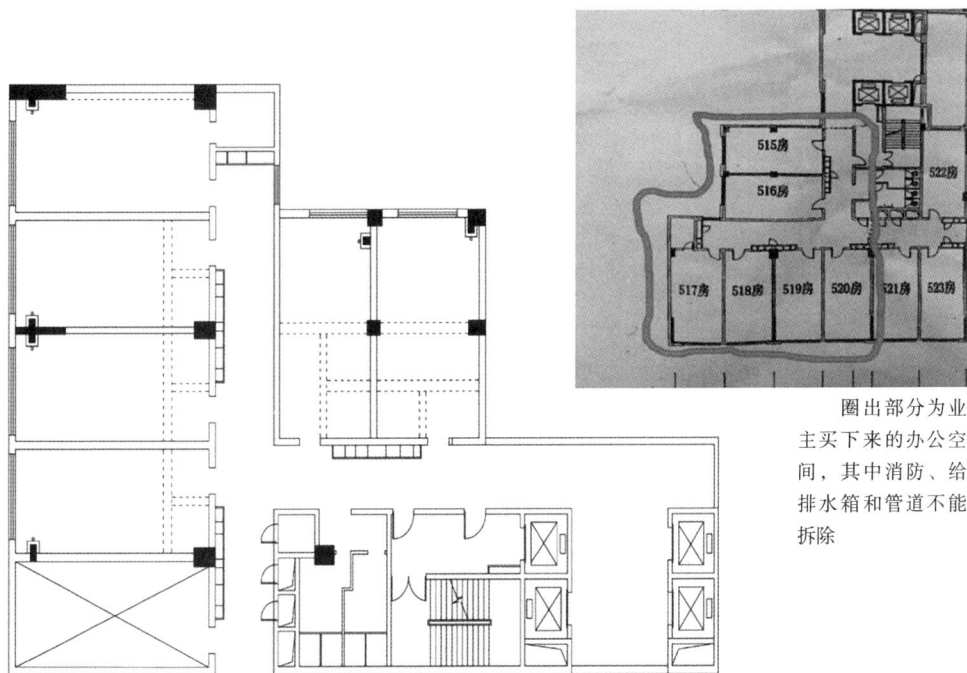

圈出部分为业
主买下来的办公空
间，其中消防、给
排水箱和管道不能
拆除

图4-2 案例目标的设计空间

图4-3 走廊路线效果构思

　　结合此室内办公空间的方向指引，考虑到靠窗位的光线问题，在分析勾画草图时将空间定了初步轮廓，用阴影部分圈出最理想的光线方向用来作为办公空间和会议室、展厅等（图4-4）。

　　综合多方条件因素，形成设计方案一（图4-5）。

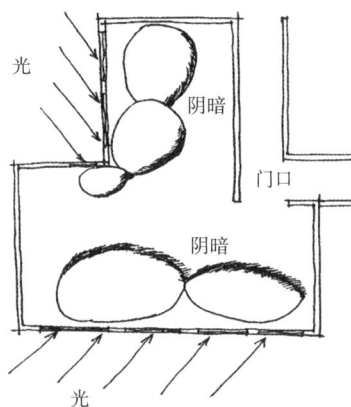

光影分析

空间光影效果

图4-4 空间光影分析

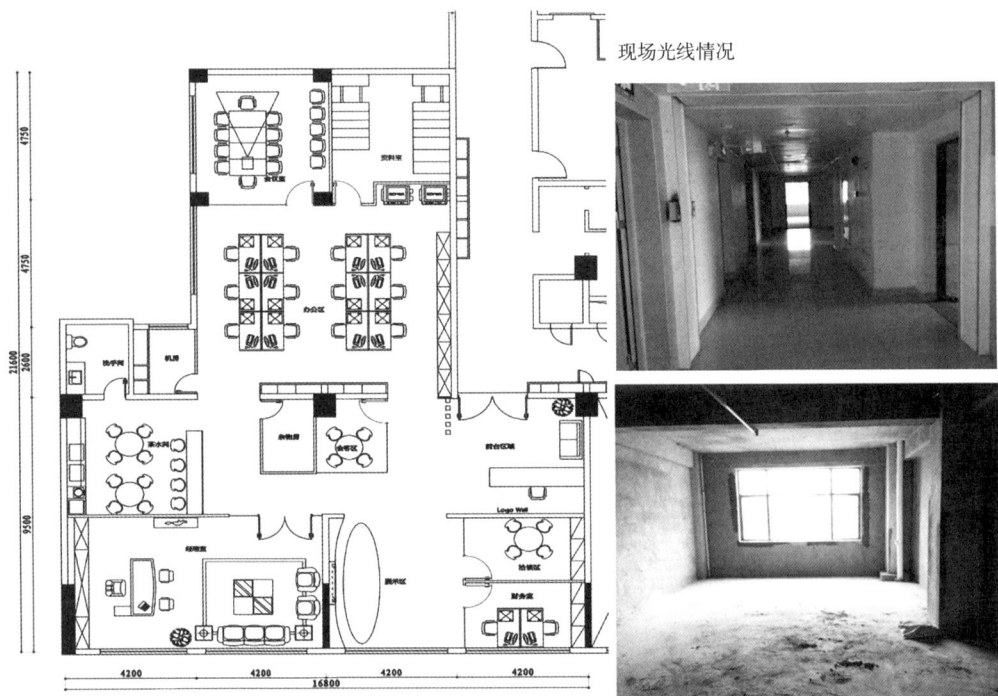

现场光线情况

图4-5 平面布置设计与工地现场情况

业主反应：业主看完平面设计方案后，觉得整体方案不佳，提出展厅太小、公共办公区有点呆板、正门口走廊尽头有点不舒服的感觉。

方案建议：此方案的平面布置图过于方正，空间布置较为零散，未突出亮点，空

间布置功能区不够紧凑。例如，总经
理办公室旁边最好能与财务室紧临，
那样方便处理日常的财务事务，从某
种意义上讲，财务室是一个单位或企
业的运作控制枢纽，总经理办公室应
保持与财务室的最近距离，其他办公

区在总经理办公室的可视与邻近区域即可，毕竟，总经理也是工作人员，有核心领导
办公室在附近、会无形加强公司的凝聚力，也有利于平时工作的交流和安排，当然从
经营者的角度看，会清楚地了解员工的工作情况，创造更好的企业管理环境。

方案二

因为有了与业主正式面对面谈方案的经历后，可以对原来的方案进行改进和调
整：将正门口定为中轴线，分为上下两部分，上面为静区域，主要为产品展示区，
下面为动区域，主要为办公区与活动区（图4-6）。

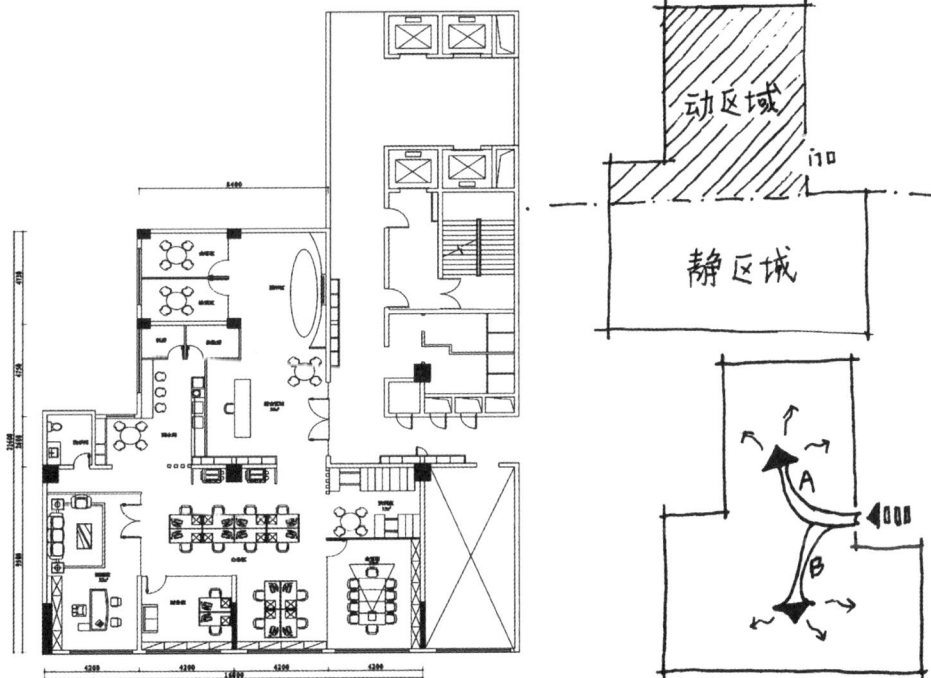

图4-6 围绕平面图进行区域和路线的分析

方案形成：方案二有了一个较大的调整，正门口的前台与展厅连接在一起，整个空间一进门就显得大气、宽敞；展厅设置了大屏幕LED显示屏，能不断向客户播放外贸产品的信息与介绍；中间有一个椭圆形的展示

Tips

不少设计项目经过功能上的调整后会产生其他不利影响，例如美观性削弱、成本增高、施工程序增多等，设计人员要及时分析室内空间存在的各种缺点，因为这些问题的发生会影响空间设计的整体效果。

台，产品放在上面，加上灯光效果，令产品显得更加高档、夺目，提升参观者的购买欲；会客区和洽谈区连接在一起，与展示区呼应，形成紧密连接。如此形成了重要的两条中心分流路线。

方案建议：虽然此方案较为归整，但展示区还是比较小，因为业主经营婴儿车产品的出口贸易生意，她认为以上方案只能展示较少部分的产品，不能满足其实际的需要。另外，一进门就可以看到给排水管，如果用其他造型去装饰它，就无形增加了施工成本，再加上呆板的方形前厅背景没有空间动感的效果，视觉冲击力不够强。

方案三

方案形成：有了以上两个方案的基础后，设计人员又做了修改，大胆地将展示区面积扩大，并很好地在公共走廊处增设了展示橱窗，令过往的行人等能看到最新的产品，吸引其注意力；折叠隔断墙把产品相对独立分开，并在靠墙位置设置展示架，产品可放在上面，中间的柱子用饰面板装饰；靠近门口前厅一侧设置接待区，配上一套现代简约的沙发组合，十分和谐；一进门口，一面弧形前厅背景墙，给人跳跃的视觉感觉（图4-7、图4-8）；基于业主的要求，总经理办公室增设书法台，业主强调其比较喜欢写书法，还要求有自己的洗手间。

方案建议：由于只顾及了前厅的造型设计效果，导致其后面的茶水间与机房、杂物房布置散乱，不方便日常生活；由于前厅的弧形背景墙设计，最终影响了给排水管道箱门的日常维修与使用；曲面的造型令非办公区域布置协调性不佳；从施工角度考虑，此做法会增加施工难度，施工人工费也随之增加，直接提高工程预算。业主作为一个设计外行人，其并不会注意到这些细节，作为专业的室内设计师，这些要素是必须考虑进来的。

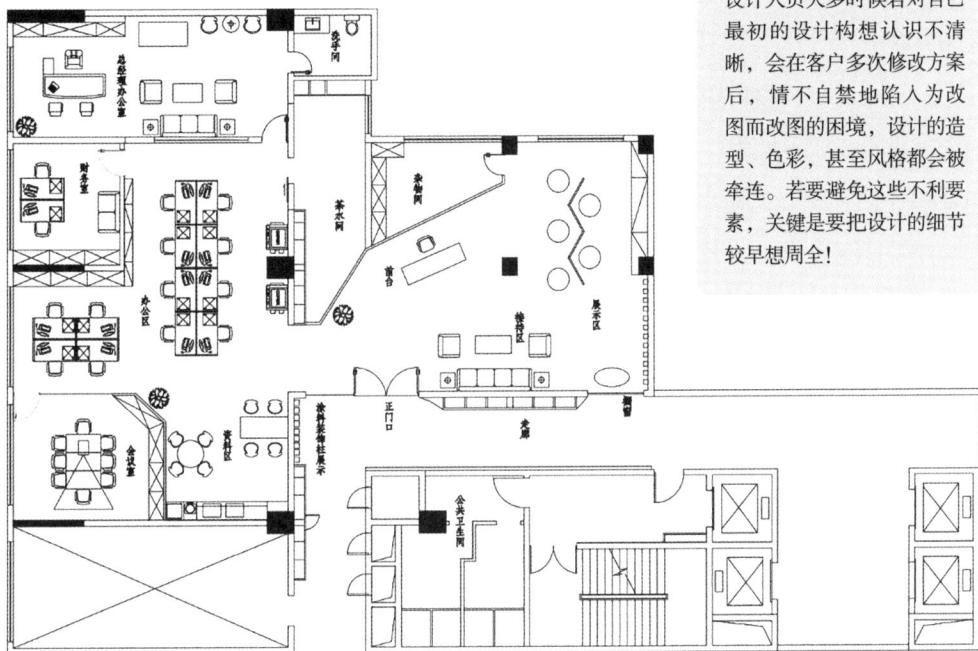

图4-7 方案三平面布置图

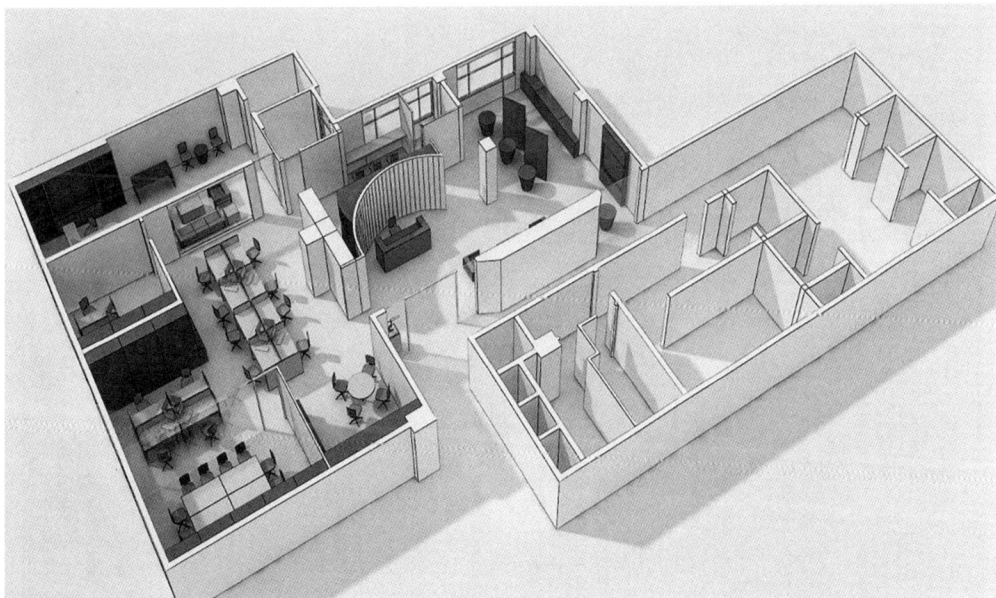

图4-8 方案三鸟瞰图

方案四

方案形成：设计人员经过与业主沟通后，决定再进行修改，在展厅放置业主新代理的涂料产品，并且以柱子的形式呈现，共20条，2200mm×180mm×180mm，并将其放在比较明显的位置；前厅的形象墙改为斜向，从正门口看去有一种由窄逐渐变宽的效果，空间更加灵动；将资料室放在前厅后面，方便公司资料的整理和存档；茶水间与公共办公区连在一起，扩大空间感；在茶水间与会议室之间的阳角切割成斜角，令空间看起来更加柔和，视觉也会开阔一些；杂物间与机房连在一起，这样很好地避免了两个室内给排水管位装饰的成本过高和视觉效果不好等情况（图4-9、图4-10）。

方案建议：由于采用了大面积的开放式空间来设计整体空间，会导致办公室的能源浪费过多。例如，空调制冷，由于不封闭的空间过大，需要大量制冷才有效果，即使一些空间使用频率较低也无形纳入空调的制冷范围，浪费能源；前厅的前台由于前台背景墙的比例和宽度影响，使其位置偏离正门口，不利于接待工作的进行；茶水间的位置离管道比较远，会增加管道长度的开支。

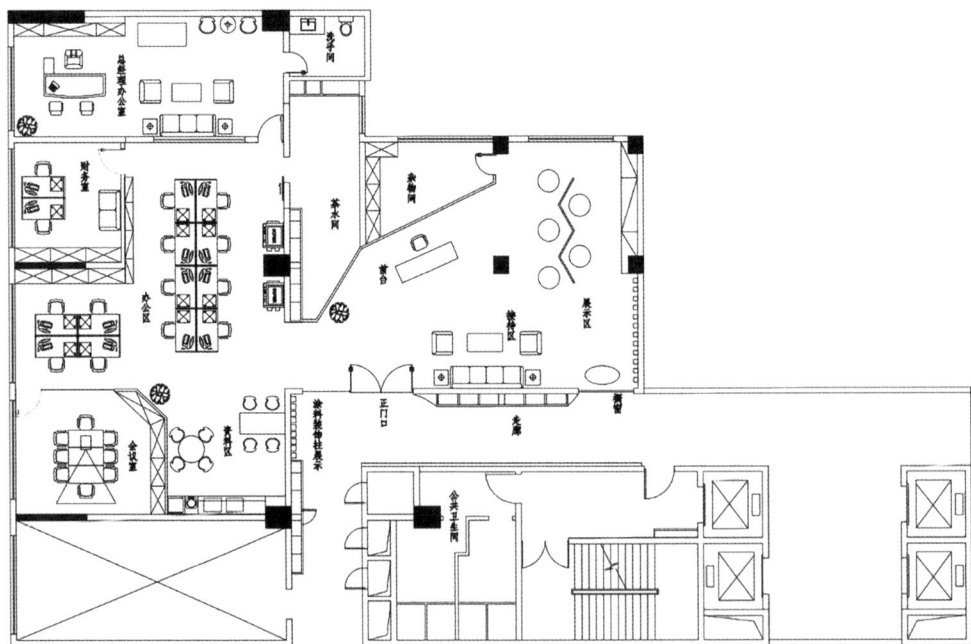

图4-9 方案四平面布置图

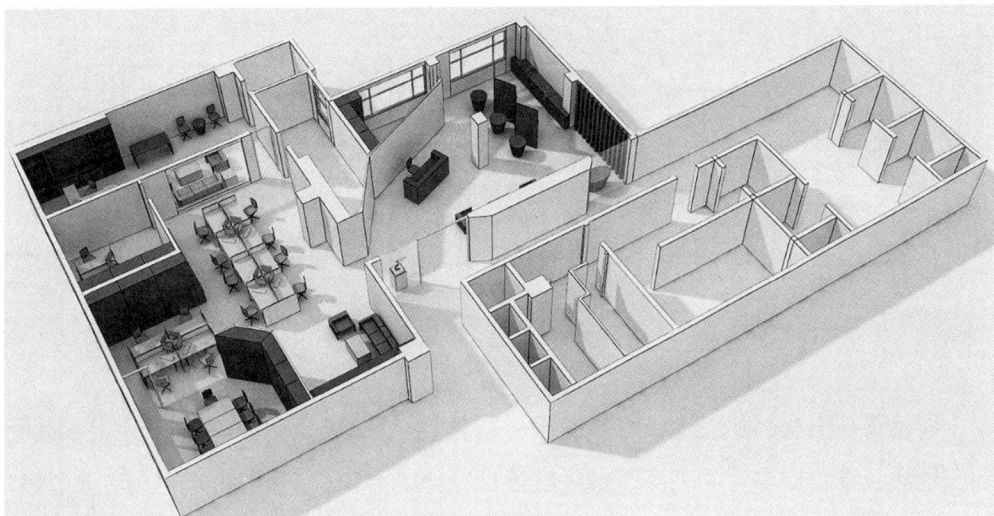

图4-10 方案四鸟瞰图

方案五

　　经过和业主几次接触后，一切都按设计程序进行，到了准备签设计合同的时候，业主又提出了要求，她要将展示厅作为一个大的独立封闭空间，如果有客户来参观她的产品时，就带客户进入展示厅观看产品。总经理洗手间变成公共洗手间。经物业管理审批同意后把办公室外面的公共走廊进行重新设计装修。最惊讶的是她要增加一个独立中层领导办公室（要求预留三个位置办公）。业主在同设计方签设计合同时提出这些问题，是在以上几个方案的基础之上，通过思考才提出的最利于其使用的设计要求，这也是设计人员最担心和最不想看到的情况。但设计作为一项服务性行业，能为客户提供满意的设计方案是根本宗旨，因此需要一个不断完善分析和贴心的服务过程，使方案趋向双方的一致性（图4-11~图4-14）。

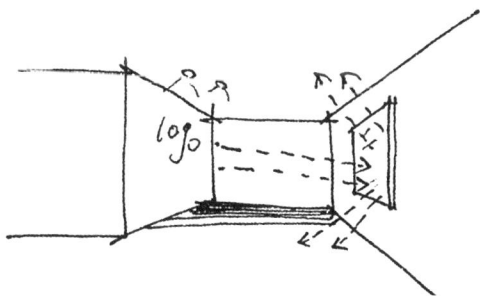

图4-11 前厅加银镜的光线分析

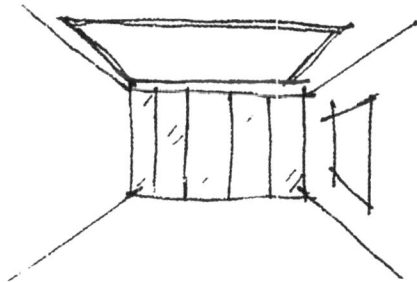

图4-12 正面角度情况

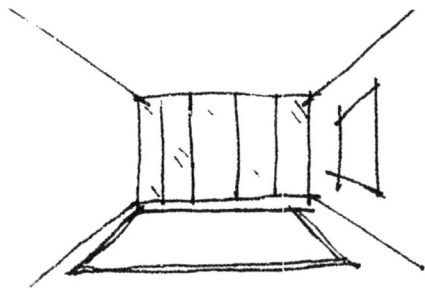

图4-13 换另一角度情况

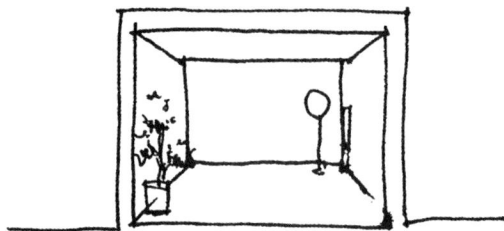

图4-14 分析空间光线是否受到影响

　　展厅天花扫灰色乳胶漆，灯具使用导轨射灯，方便把灯光聚焦到产品上，地面扫白色乳胶漆，提高空间亮度。最大的设计变化就是窗户前40cm处加一堵造型墙，这个造型墙有两个作用：第一，可以遮挡窗外过于强烈的阳光，有选择性地把光线引进室内空间，毕竟一个理想的展示空间，光线的氛围营造很重要，一定程度上决定了空间效果的作用（图4-15）；第二，有了造型墙的基础，可以在其表面涂上肌理漆或砌肌理砖，然后在墙面上挂一些组合画，这些画的主题可以与公司的文化或产品相关，起到点睛的作用（图4-16）。

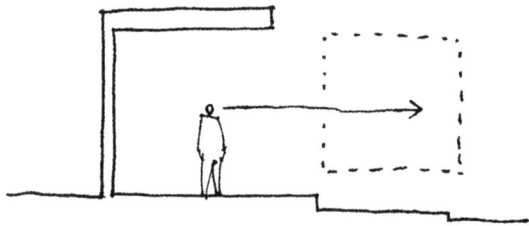

图4-15 光线环境分析

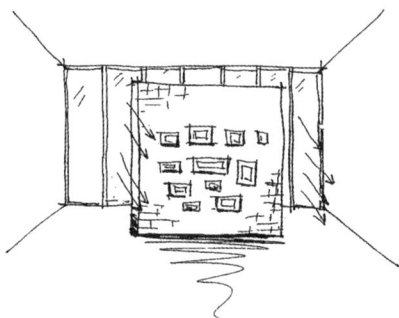

图4-16 造型墙构思处理

　　公共办公区是一个面积较大的办公必经场地，四周封闭空间（会议室、办公区、财务室、总经理办公室）的隔断为落地玻璃，这样能扩大空间视觉，令室内环境融为一体，通过财务室、办公区的窗户方向，以落地玻璃的形式设计，把光线引进室内，提高室内的自然光照效果，减少照明灯光的使用，起到了一定的节能效果（图4-17）。

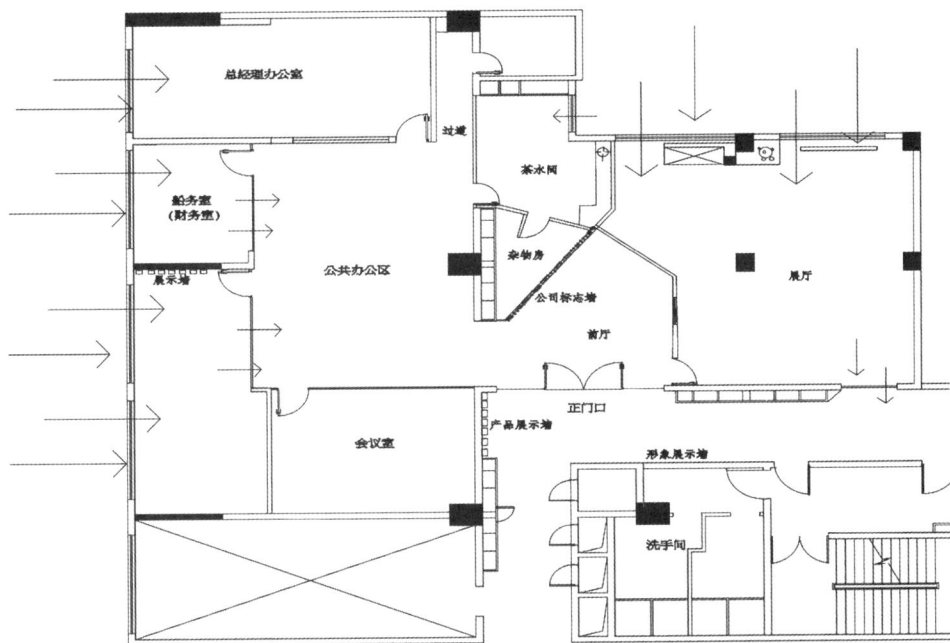

图4-17 室内空间自然光线处理

　　另外，考虑单一的玻璃隔断令空间设计过于单调，设计人员在进行设计工作时需要进行综合材料的构思设计（图4-18），结合实际把周边凌乱的墙面与各空间门改用枫木饰面，由于增加了木色等暖色，空间一下子就显得有亲和力，同时使空间色调丰富起来。地面使用深灰色地板胶，如此大胆的地面暗色，有利于营造写字楼这类办公空间的安静之感。很多初学者会有疑惑，地面铺地毯或涂地坪漆或铺贴瓷砖不是更好吗？设计人员在跟业主交流中了解到，本案例项目位于南方，南方三四月回南天特别明显，每逢这个时间段，好多地面会变得又脏又湿，一旦用了普通地毯，就会容易变脏和发霉，而且比较难打理，不利于打造健康的人居环境，因此要综合气候、当地室内外环境的协调性等进行室内设计（图4-19）。用瓷砖或其他硬地铺贴也不实际，毕竟这是一个租借的办公室，成本不能太高，最重要的一点是地板胶材料可以换颜色，那样会更经济、实用，当然，还可以用一些其他地面材料，这里就不详细赘述了。

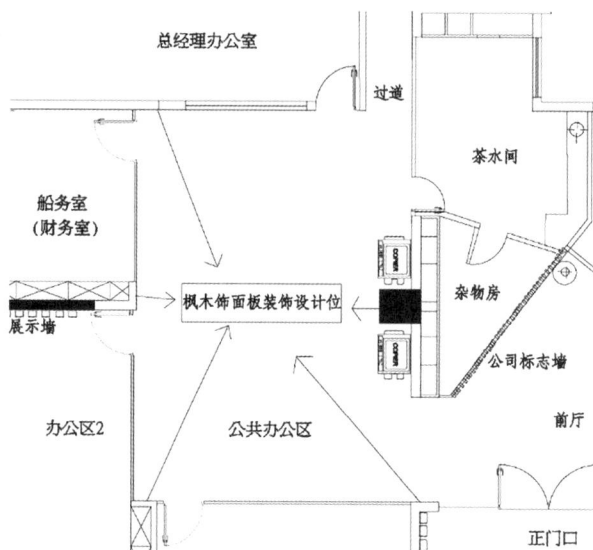

墙面木饰面设计分析图　　　　　　　　　　地面应用分析图

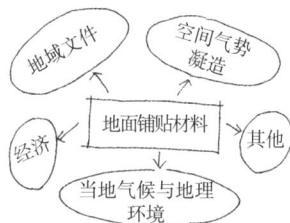

图4-18　材料设计应用分析

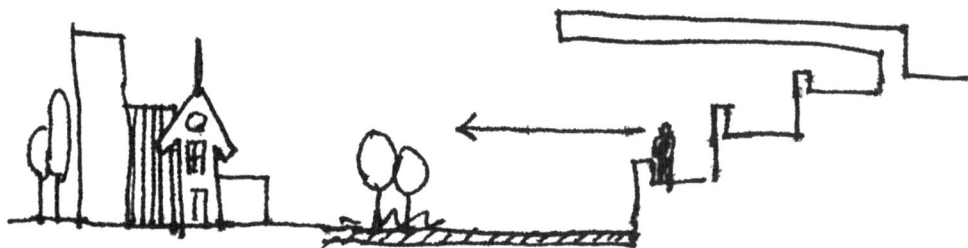

图4-19　室内与周围环境的呼应性设计

　　对于公共办公区的顶棚（天花）设计，业主强烈要求露出顶棚的管线与结构，设计人员综合分析各方面的因素和已有条件，发觉整体空间有消防管道、空调管道、强弱管线等，比较分散、凌乱，如果简单涂上颜色，基本没什么效果，必然要灵活地设计它们。设计人员在构思管线设计时，注意要把管线的疏密关系处理好，结合造型设计特点，适当安装一些装饰性的管线，并注意把管道分成粗、中、细三种，此种处理方法使顶棚富于变化，增强了顶棚的层次感，同时结合原空间的层高比较低的情况，灰白色天花会让空间通亮而不显得压抑（图4-20）。

　　顶棚有了统一颜色的管线和装饰管架的设计组合，"露管"做法尽管有一定

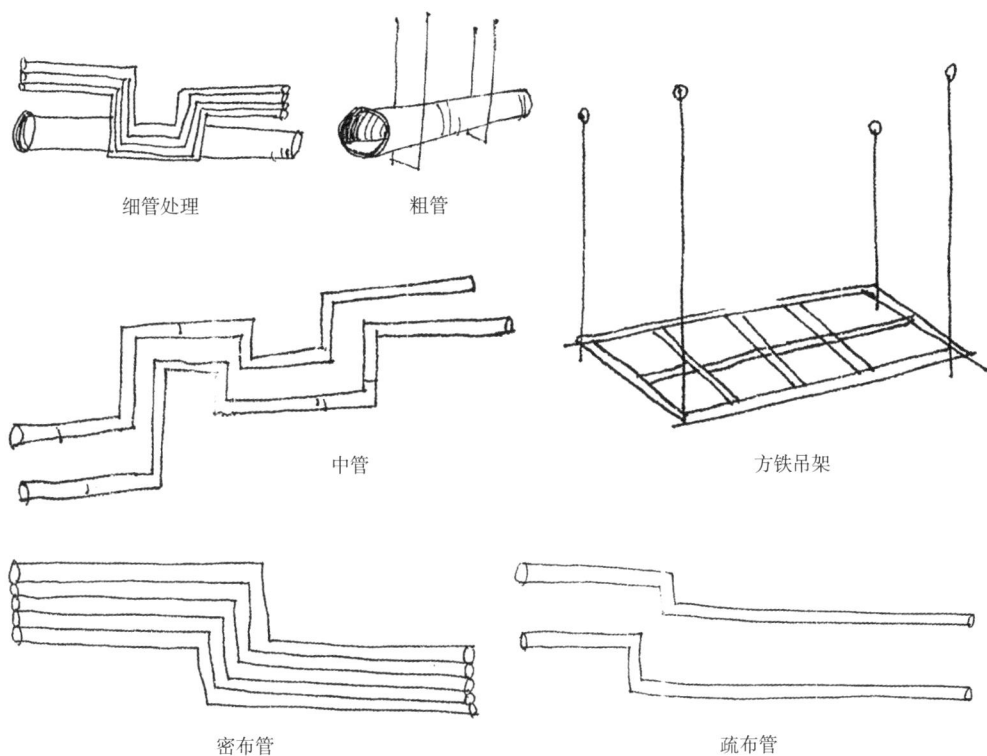

细管处理　　　　　　　　粗管

中管　　　　　　　　方铁吊架

密布管　　　　　　　　疏布管

图4-20 顶棚管线形态分析

效果，但正是由于过于地裸露顶棚，加上隔断落地玻璃的呼应，令室内环境偏工业化气息，有呆板之嫌，设计人员巧妙地用三原色装饰方案在顶棚悬吊，并使用"Z"形交错艺术延伸，这样的尝试一下子让空间跃动起来，动与静巧妙地融合（图4-21）。设计人员的这一构思点缀了空间，十分有趣、耐看。值得一提的是总经理秘书位的安排，很多初学者由于缺乏实践工作经验，会将其安排在总经理办公室的门口，其实，最佳位置是设计在财务室与总经理办公室之间的位置，这样方便总经理安排工作和日常进行工作的下达传送（图4-22）。

　　总经理办公室因为业主要求设计成现代简约的中式风格，并一定要有书法桌，在本案设计过程中为了与外面的公共办公区的地面设计区分，保持室内风格的统一，使用了与家私协调的胡桃木色，业主喜欢书画和艺术品，整个空间的档次就很明显地呈现出来。会议室由于是在正门附近，对整个空间形象起着很重要的作用，为了呼应总经理办公室的地面层次效果，设计人员用淡红色地面材料，书架采用水曲柳扫白色油漆处理，增强空间亮度，财务室、办公区二与公共办公区风格一样，

图4-21 "Z"形点缀顶棚设计构思草图

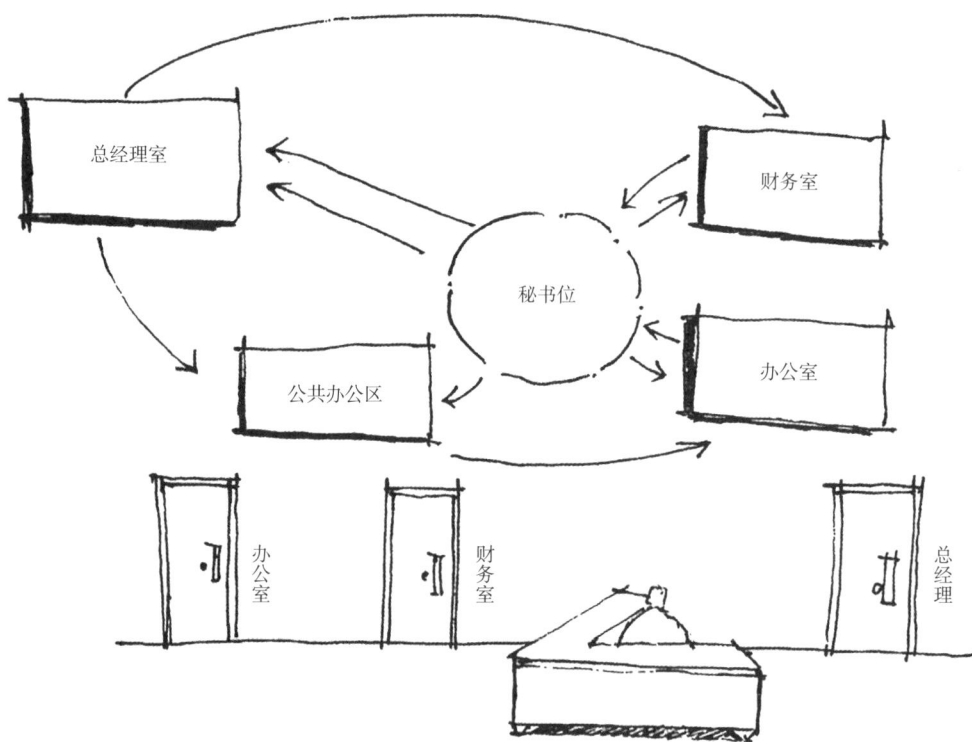

图4-22 办公功能空间关系分析

都使用浅灰白色天花、暗灰色地面、灰色墙身，各书柜的设计应业主要求做成玻璃门的枫木饰面形式，有柜门的书柜利于避免书籍、材料长时间外露造成积尘或回南天发霉等现象发生，这一方面在功能上考虑比较实在，同时洗手间走廊也是一道不错的风景，可以在这里设计一个小木架之类，上面放一个漂亮的工艺品，在射灯光线的烘托下有意想不到的美妙之感（图4-23）。其他空间，如茶水间、洗手间是容易接触水的地方，一般都使用防滑砖之类，这类空间的水雾排出和空气更新问题，一般都要求安装排气扇，在地面材质选择上用暗色会显得耐脏一些，墙面材质用亮色会显得宽敞一些。以上基本设计技巧在日常应用会经常遇到，需要室内设计人员总结更多设计应用规律，更好地为客户服务。图4-24~图4-33是本方案的设计应用。

图4-23 走廊设计处理

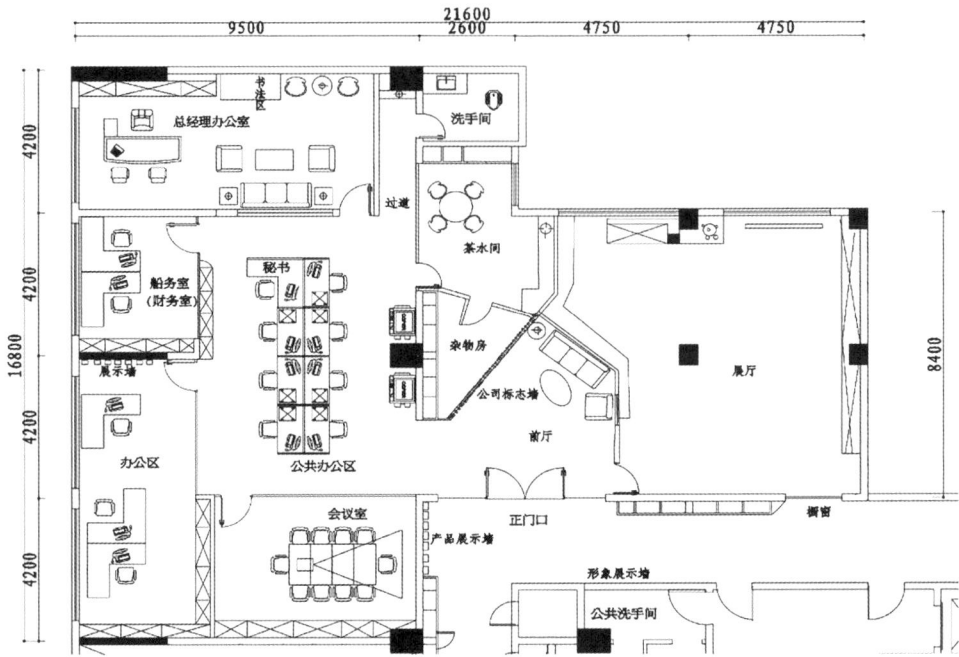

图4-24 平面布置图

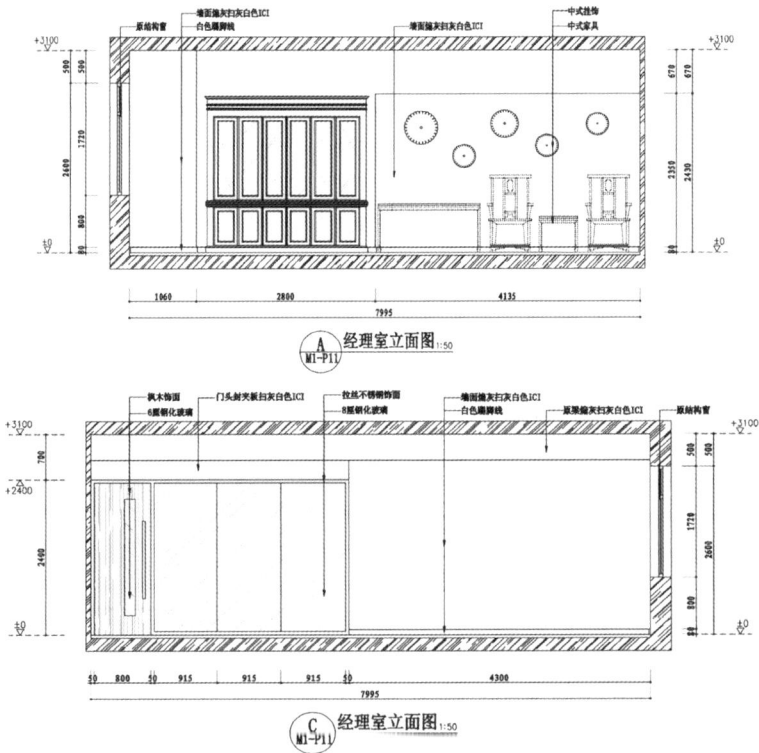

图4-25 经理室立面图

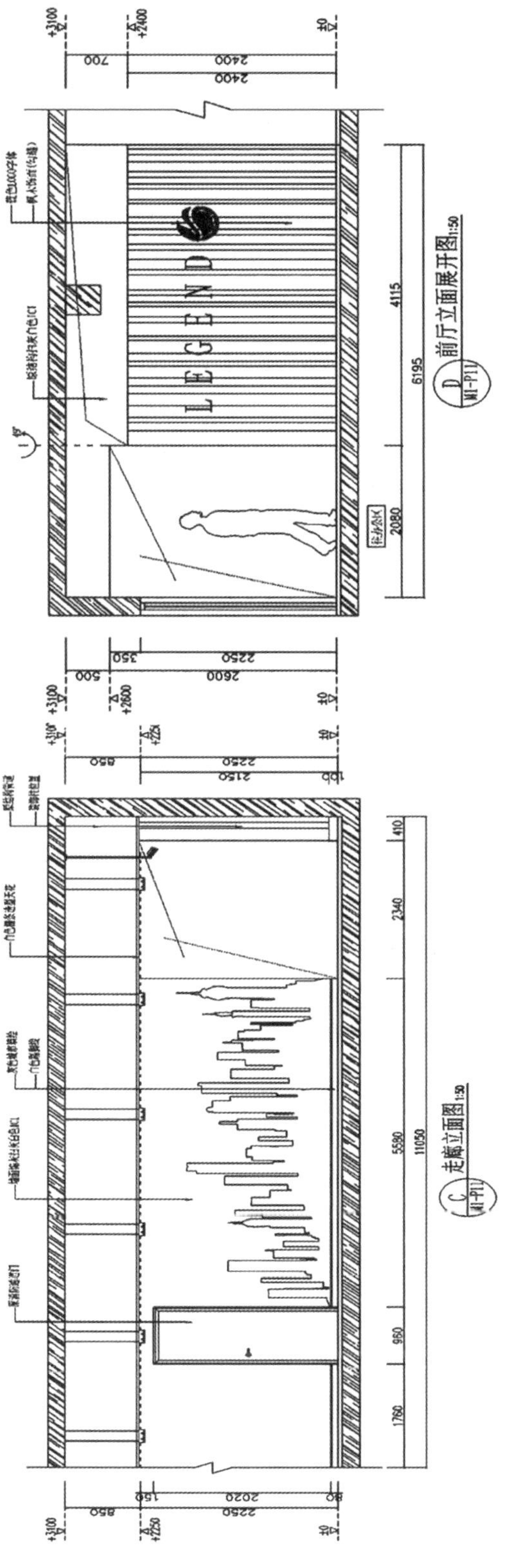

图4-26 走廊、前厅立面图

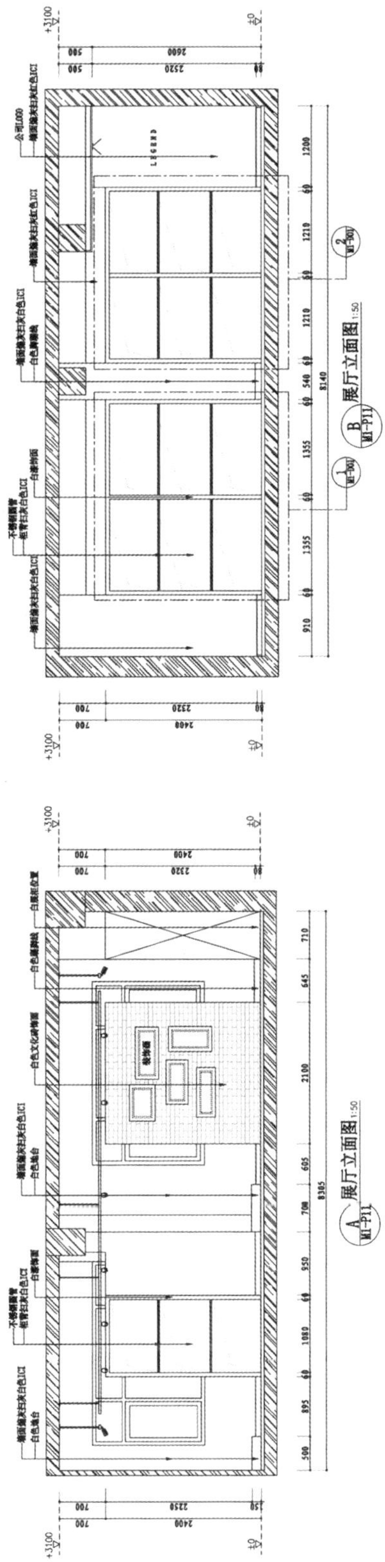

图4-27 展厅立面图

图4-28 走廊模拟效果

图4-29 前厅模拟效果

图4-30 公共办公区模拟效果

图4-31 会议室模拟效果

图4-32 玩具展厅模拟效果

图4-33 外贸办公区模拟效果

由于业主规定工程预算成本控制在25万元以内，设计人员在做方案的时候必须在要求资金范围内进行，并且受一些硬性条件限制，如已有的家具、设备、产品等，这类项目有一定的挑战性，能锻炼设计人员的工作能力、态度等。建议初学者多在小面积空间上练习和锻炼，不要一开始就想着做大面积的室内空间设计。小面积空间考虑的问题同样较多、较全面，有了小面积空间设计的基础，做大面积空间设计就会得心应手，这也是室内设计学习的必经过程。

（二）实例二：地下室

业主是一个喜爱读书的商人，年龄约50岁，有一个面积约为146m²的地下室，他要求把这个地下室设计成一个学习场所，有读书区、书法区，另外要求加一个酒窖，并希望是现代中式风格，地下室的梁底很矮，梁底面离地面高度只有2200mm，地面到天花板高度也只有2600mm，一个比较特别的地方是在两边留了天窗采光，原始平面图如图4-34所示。

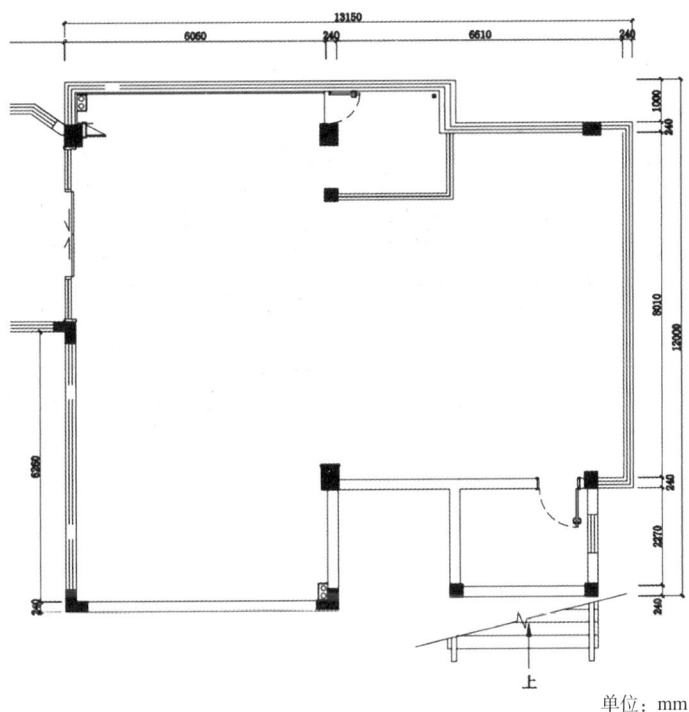

单位：mm

图4-34 原建图

方案一

　　方案形成：把中式的，通过传统的图案、造型、色调、氛围统一起来，深刻地表达出来，两个灯槽的设计既考虑原来天花的梁位，又使天花看起来高了一些，地下室两边通过透光玻璃引进太阳光，与深色的仿古砖和谐呼应，一个沉稳、安静、舒适的中式学习地下室顺其自然地形成了（图4-35）。

　　方案建议：整个地下室读书空间中式元素用得过多，天花木格花、墙身木格花、书架上的木隔板、书桌、椅子、花架等深色的色块面积较多，几乎超出主色面积的二分之一，使整个室内空间氛围过于严肃，在这样的环境下学习有一种被束缚的局限感，这种设计上的"多、繁、沉"效果很难产生学习的愉悦之感，甚至起到消极作用。

图4-35　方案一模拟效果

方案二

在进行第二方案的设计构思中，空间的平面布局按照业主的需要进行细节上的改进，不过由于客户要求尽量降低成本，设计师把原天花封平，在设计的时候加设一下低矮书架，地面使用木地板，弧形书法区门洞使用黑镜与木条拼成冰裂状（图4-36~图4-38）。此方案天花过于单调，空间过于压抑，大面积地铺贴木地板会产生两个缺点，一是由于这个空间为地下室，一般来说会比潮湿，木地板可能会出现发霉、腐烂等现象，在南方地区，这种现象更加明显；二是木地板的面积过大，加上其他饰面板材料的限制，使本来不高的空间显得更矮，设计效果有点呆板，弧形门洞的造型显得过于笨重而无生气，矮小之余深色的书架有点小气。

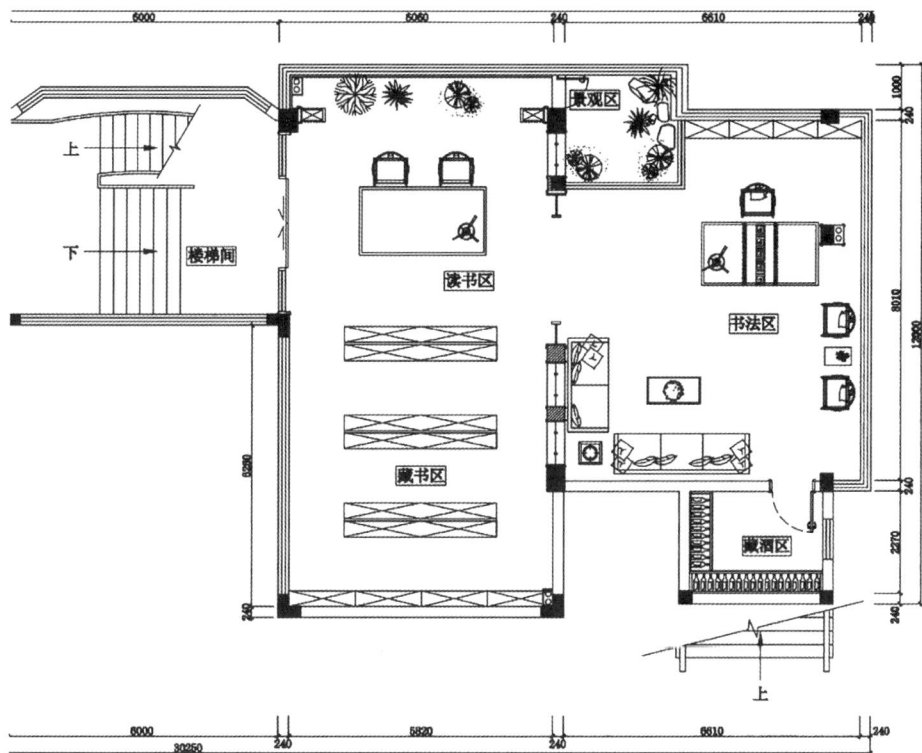

单位：mm

图4-36 方案二平面布置图

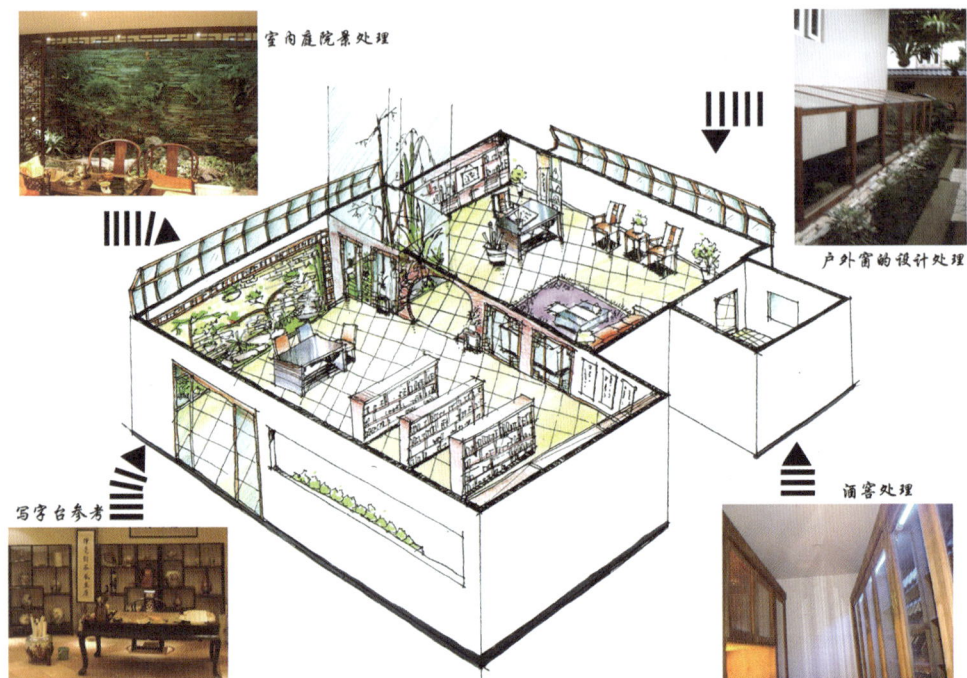

室内庭院景处理

户外窗的设计处理

酒窖处理

写字台参考

图4-37 方案二鸟瞰草图构思

图4-38 方案二模拟效果

方案三 ▶

　　通过与业主深入沟通，结合工程实际情况，设计人员尝试把天花的梁位大胆暴露，然后通过白色的木线装饰梁位和天花四周边缘，因为有了细节轮廓装饰线条，加上没有筒灯，以及书桌上的中式羊皮纸吊灯的点缀，令天花显得干净明快又不显单调，同时因天花的造型少而大大降低了成本，地面也尝试用了仿古砖，整个空间有了新貌（图4-39）。不足之处是整个空间重色偏多，还没有脱离传承中式风格的设计氛围模式，在视觉冲击上缺少现代设计气息。

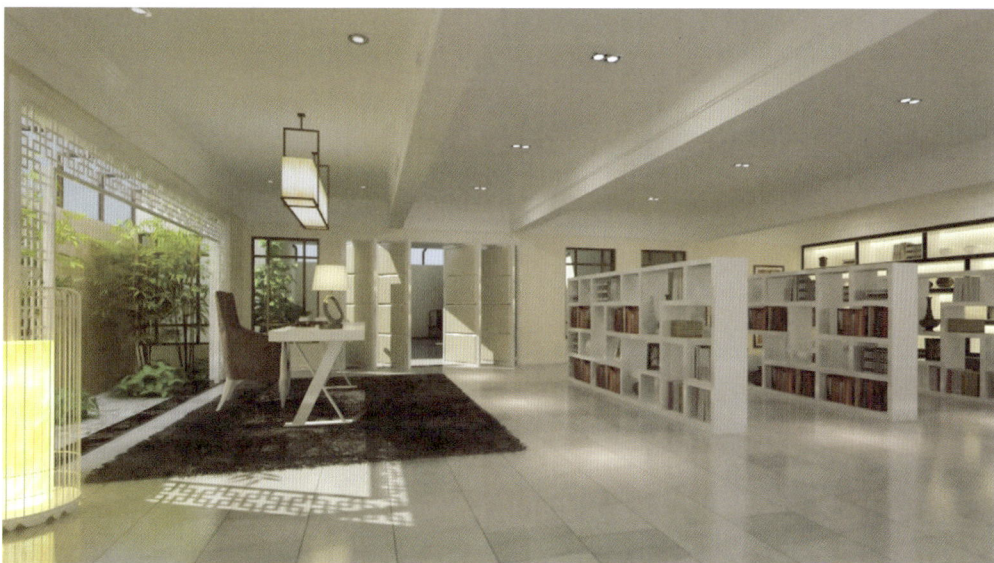

图4-39 方案三模拟效果

方案四 ▶

　　这个方案在方案三的基础上做了进一步调整，把平时习惯的中式空间使用的深色换成了白色，书架饰面改用水曲柳扫白色，用镜钢做层架板的车边，书架一下子变得轻快、现代了。入门改为镜钢与清玻做成的趟门，窗户也使用同样材料，使读书区与书法区融为一体，空间层次十分巧妙，由于镜框的呼应，空间感明显增强。地面使用灰白色的瓷砖，并用深灰色瓷砖作为平面图案装饰设计，不显单调。白色的中式花格和通亮的鸟笼灯恰到好处地配合了空间效果，加之柚木与羊皮纸制成的中式吊灯，证明了这个全新的现代中式读书区地下室发生了"形变神在"的有趣效果。客户见到这个最终方案后十分满意（图4-40）。

图4-40 方案四模拟效果（采用版）

（三）实例三：现代别墅

本案例是一个现代别墅，总建筑面积有800m²，业主为中年男性，他喜欢接受新鲜事物，要求室内设计现代、舒适、明亮，希望设计师能设计出他想要的空间效果。下面以客厅设计为例，项目平面和现场情况如图4-41、图4-42所示。

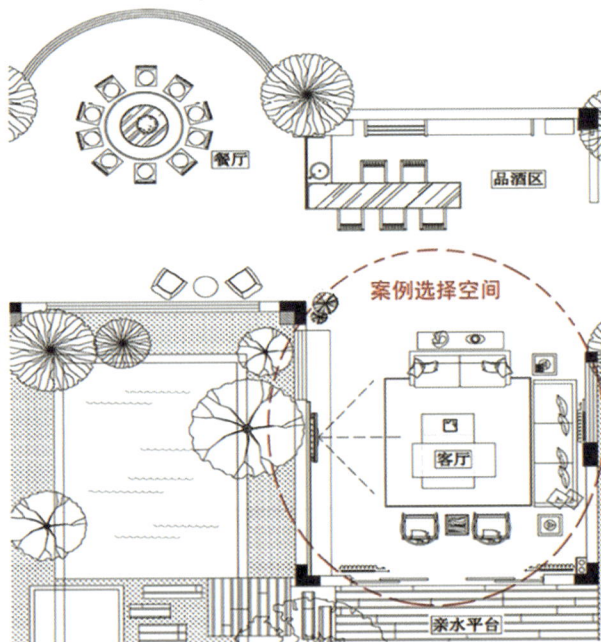

图4-41 目标空间的平面布置图

图4-42 设计现场

方案一

在跟业主交流中，考虑业主偏向明亮的空间效果，要求有休闲感的空间氛围，同时业主想尝试有点儿东南亚风情的呼应与点缀。设计人员通过一些意向图结合平面图，做了整体效果设计，电视背景墙用白色直纹大理石烘托挂式电视，并设计一个倒"U"形状灯带与墙身融合，使墙身立体感明显，基于其右边有一个宽大的窗户，设计人员采用对称形式构图，左右两边采用菱形玻璃来丰富墙面，当然玻璃的边缘用灰镜车边修饰，天花用对角线的方式以两条弧形交叉形成重点造型，酒吧区的天花也采用统一造型，沙发背景、家具等软装组合，而酒吧区用呼应的木色（菠萝格）搭配，墙身和地面用浅米黄色的抛光砖提亮空间，增强光影效果（图4-43）。

业主看了这个设计方案后，认为这类设计比较亲切、温馨，但是造型、装饰上过于繁杂，有了立体的效果展现后，他便否定了最初对东南亚风格的尝试。碰到这样的情况，有经验的设计人员很清楚，设计风格的革新，只是艰巨的设计任务的前奏而已。

图4-43 方案一模拟效果

方案二

电视背景墙的设计，其最大障碍是宽大窗洞对其的影响。综合分析，尝试在平滑的墙面上用黑镜做压色搭配，一条宽400mm、高200mm的连地式电视柜把窗户、灰色玻璃装饰板形成统一体，沙发背景深灰色的实墙起到了给空间平稳过渡压色的效果，天花的凹池丰富了上下关系，白色的百叶在阳光的照射下，形成漂亮的光线投影，微妙地落在电视背景上，洁白的转角沙发配以不同色的抱枕，显得简约、大方、清新（图4-44）。

做这一类型的空间设计要考虑的因素会很多，造型的协调性、室内外环境的呼应性，加上这类别墅是自建的，其建筑设计必然有业主喜欢的特征，如何把各因素串联起来是设计人员要思考的。室内设计要在建筑设计的基础上进行空间的完善和美化，而室内装饰设计中，最有挑战的不是硬装的造型如何复杂，也不是软装如何绚丽，而是以空间的总体色彩、光线、人文环境的美为核心基调去不断修饰提炼，在保证空间达到理想效果的情况下，做减法型的设计远比做加法型的设计难度大很多。

图4-44 方案二模拟效果

方案三

现代简约的空间中，黑白灰作为挑战性设计尝试比较容易把控氛围，考虑在电视背景墙上刻意用以斜形灰框做造型，给客厅一处跳动的节奏（图4-45），天花两边的洗墙灯带令单调的平整天花有了向两边扩张的力度效果（图4-46）。

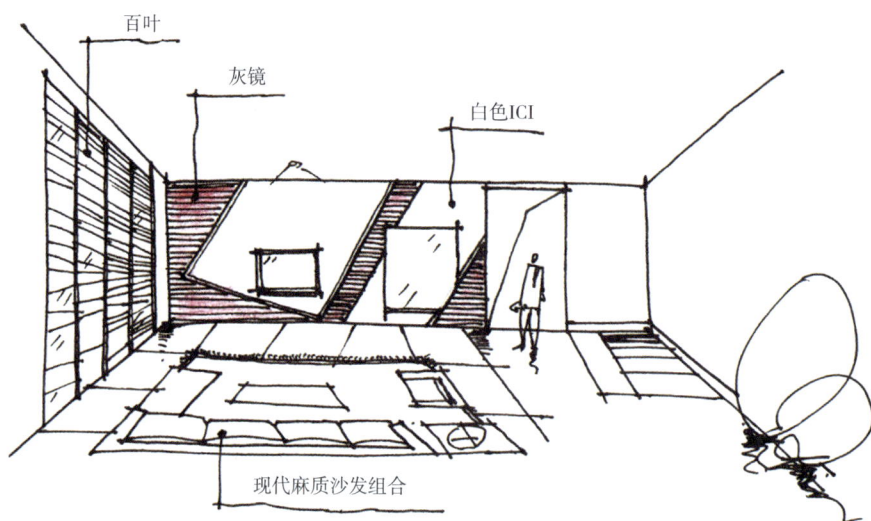

百叶

灰镜

白色ICI

现代麻质沙发组合

图4-45 电视背景造型构思草图

图4-46 方案三模拟效果

方案四

　　有了以上两个设计草案，设计人员综合了成本与功能美学设计原则，对材料的应用对电视背景墙进行构思分析，电视柜、电视背景墙用灰黄色直纹大理石，"U"字的灰镜把电视背景墙处的中心背景烘托出来，形成材料质感上的对比。透亮的清玻璃窗，悄然把室内与室外水面融为一体，十分自然和谐。深灰色与白色的布艺沙发微妙地配合了整个硬装设计，沙发背景以一幅抽象叶子挂画、洁白的卷帘做装饰，将一种时代与文艺气息淋漓尽致地展现出来，整个效果室内外交融，简洁、现代而不失耐看、实用（图4-47）。

图4-47　方案四模拟效果（最终采用版）

二、设计与效果教学案例节选

（一）手绘设计案例（图4-48~图4-58）

图4-48 商品房平面布置方案

图4-49 商品房客厅设计

图4-50 中式别墅客厅设计

图4-51 欧式客厅设计

图4-52 餐厅设计

图4-53 办公楼大堂设计

图4-54 办公楼走廊设计

图4-55 总经理办公室设计方案一

图4-56 总经理办公室设计方案二

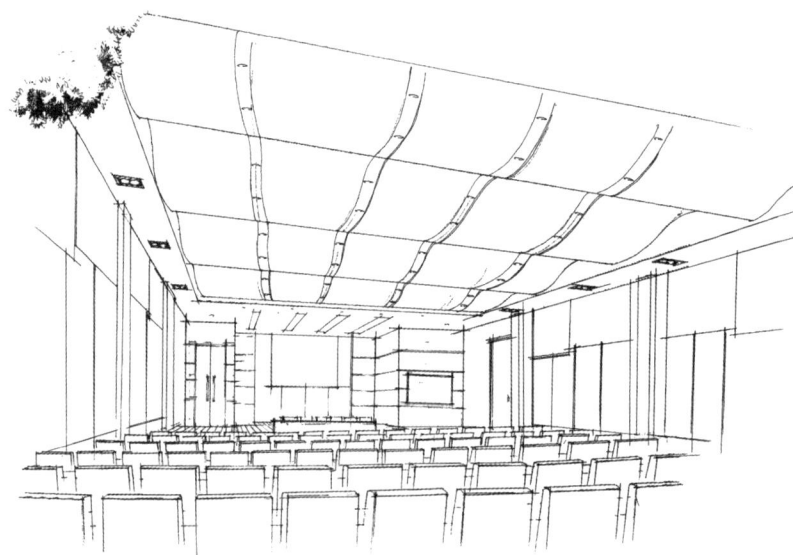

图4-57 多功能媒体报告厅设计方案一

图4-58 多功能媒体报告厅设计方案二

（二）电脑绘制设计案例（图4-59~图4-85）

公装类

图4-59 博物馆中庭设计

图4-60 博物馆室内过道设计

图4-61 KTV大厅设计

图4-62 KTV过道设计

图4-63 KTV包房全景设计

图4-64 某食品公司大厅设计

图4-65 某度假村休息室设计

图4-66 家具卖场展示厅设计角度一

图4-67 家具卖场展示厅设计角度二

家装类

图4-68 现代风格客厅与餐厅设计

图4-69 现代风格别墅客厅设计

图4-70 现代风格别墅男孩房设计

图4-71 现代风格别墅餐厅设计

图4-72 现代风格餐厅概念设计一

图4-73　现代风格餐厅概念设计二

图4-74　现代风格书房设计一

图4-75 现代风格书房设计二

图4-76 雅致风格客厅设计

图4-77 雅致风格餐厅与客厅设计展开角度

图4-78 现代风格中空别墅客厅设计

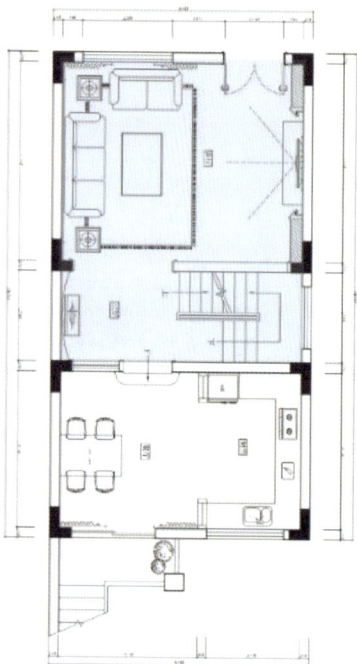

方案设计中，选择一处重点空间进行整体和细节的设计，突出空间设计特征，形成以点带面的作用，其他的功能空间围绕这个参照物式的空间进行色彩、造型、风格等延伸，更好实现空间的呼应性

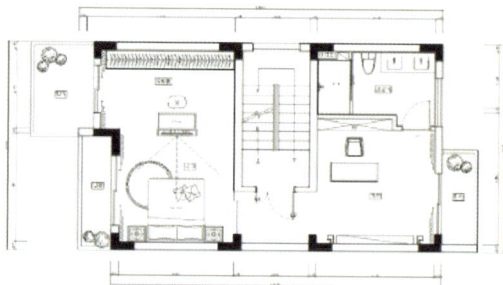

图4-79 现代中空别墅客厅设计

图4-80 现代简约卧室设计

图4-81 现代简约餐厅设计

图4-82 复古式别墅餐厅设计

图4-83 复古式别墅客厅设计

图4-84 现代中式餐厅样板房设计

图4-85 现代中式客厅样板房设计

三、施工图设计与绘制案例

在确定方案后，施工图的制作十分关键，重点把握：

◎ 不同材料类型的使用特征：切实掌握材料的物质特性、规格尺寸、最佳表现方式。

◎ 材料连接方式的构造特征：利用构造特征来表达预想的设计意图。

◎ 环境系统设备与空间构图的有机结合：如灯具样式、空调风口、暖气造型、管道走向等，如何成为空间界面构图的有机整体。

◎ 界面的材料过渡处理方式：人的视觉焦点多集中在线形的转折点上，空间界面转折与材料过渡的处理成为表现空间细节的关键。

室内设计的施工图是室内设计实施阶段的技术性图纸。它要求以符合国家规范的方法绘制出室内设计各个部位的构造，每个环节都非常重要（图4-86），它也是设计师用技术的方法向施工者表达设计意图，规定制作方案的技术文件。

施工图设计最主要的是局部详图的绘制。局部详图是平面、立面或剖面图任何一部分的放大，主要用来表达平面、立面和剖面图中无法充分表达的细节部分，包括节点图和大样图，一般用较大的比例尺寸绘制。

设计施工阶段，是实施设计的重要环节。为了使设计的意图更好地贯彻实施于设计的全过程中，在施工前，设计师要做好设计交底工作，明确解释设计说明及图纸的技术要点；在实际施工阶段，要经常到现场指导施工及按照设计图纸进行审验，并根据现场实际情况进行设计的局部修改和补充，还要协调施工方选材；施工结束后，配合质检部门和投资方进行工程验收。

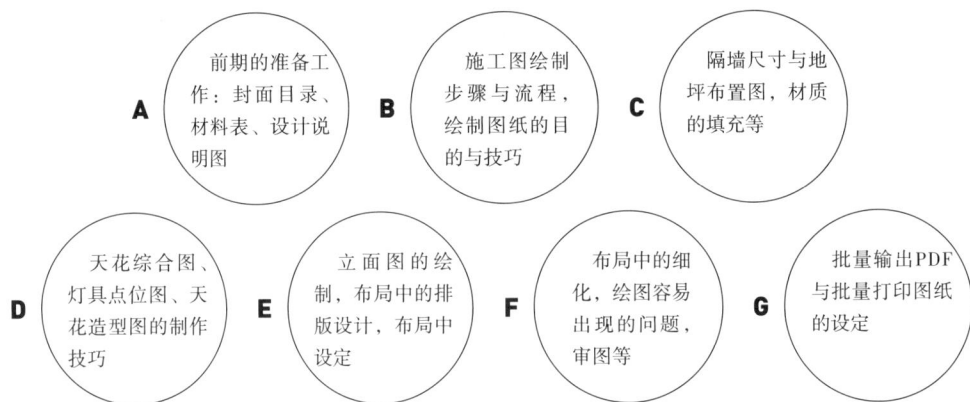

图4-86 施工图设计与制作工序

以下施工图按平面图、立面图（剖面图）、大样图进行部分设计应用表达。其中，平面图包括平面布置图、顶棚图、地面设计图；立面图（剖面图）主要以背景墙、重要空间界面的立面为主；大样图主要以木工、石线等重要工艺做法、尺寸大小标识为主。

（一）平面图

平面布置图覆盖的内容很多，包括各具体空间功能场所、家具陈设、电器分布等。另外，我们在绘制平面图时要准确标示各立面图（包括剖面图）的索引符号（图4-87~图4-90）。

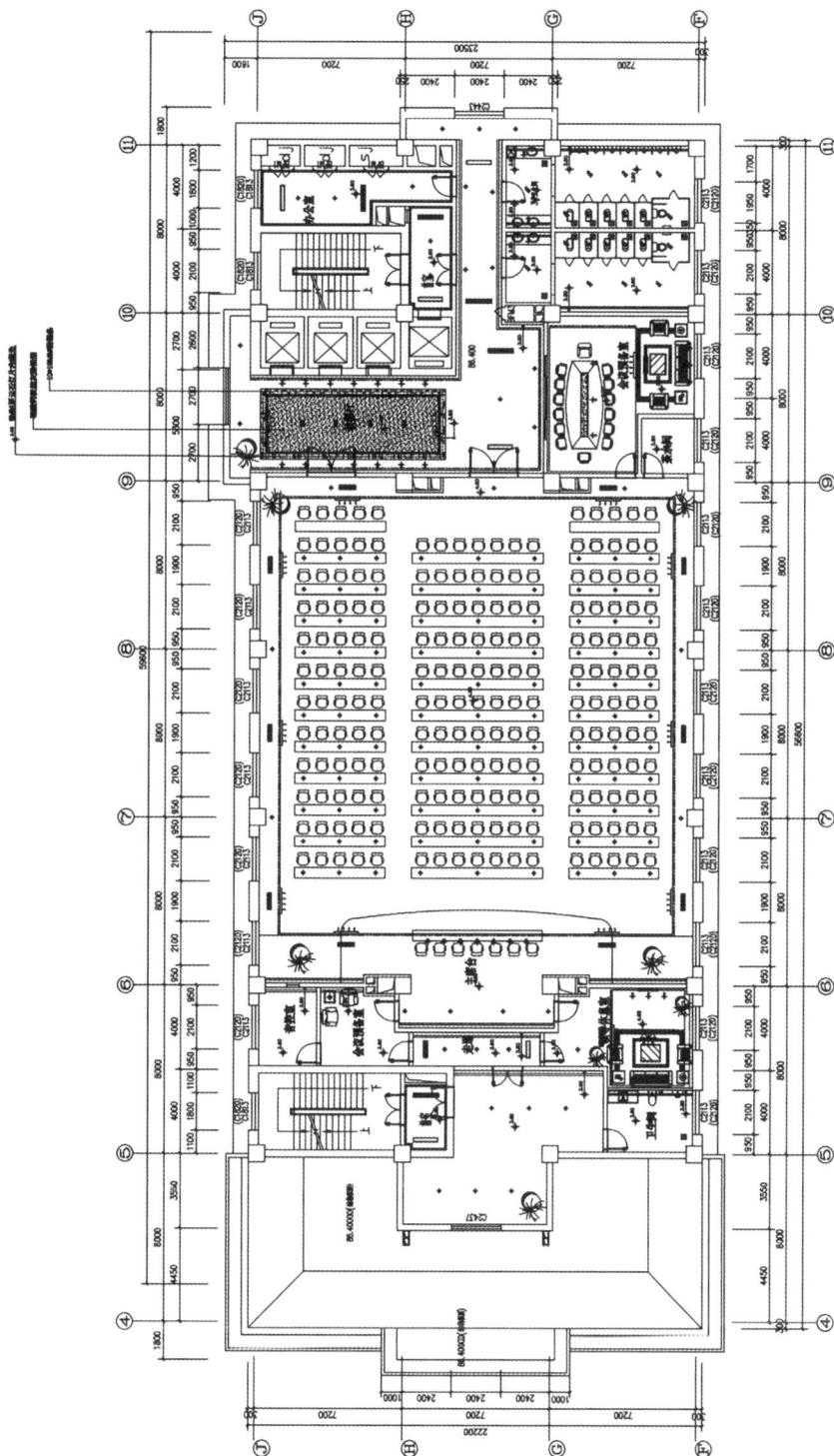

图4-87 大型会议厅平面图

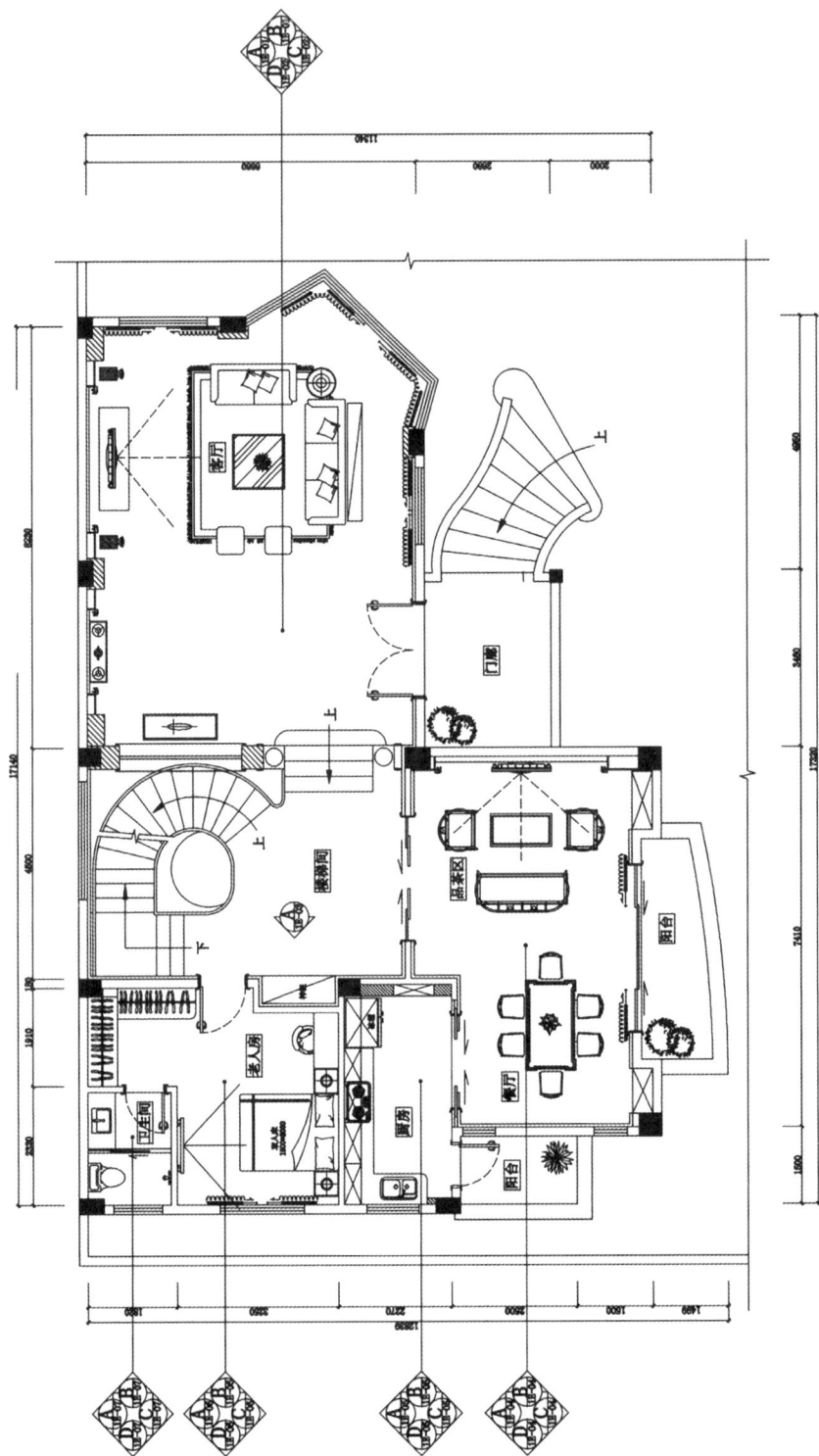

首层平面布置图 1:75

图4-88 某别墅室内平面布置图

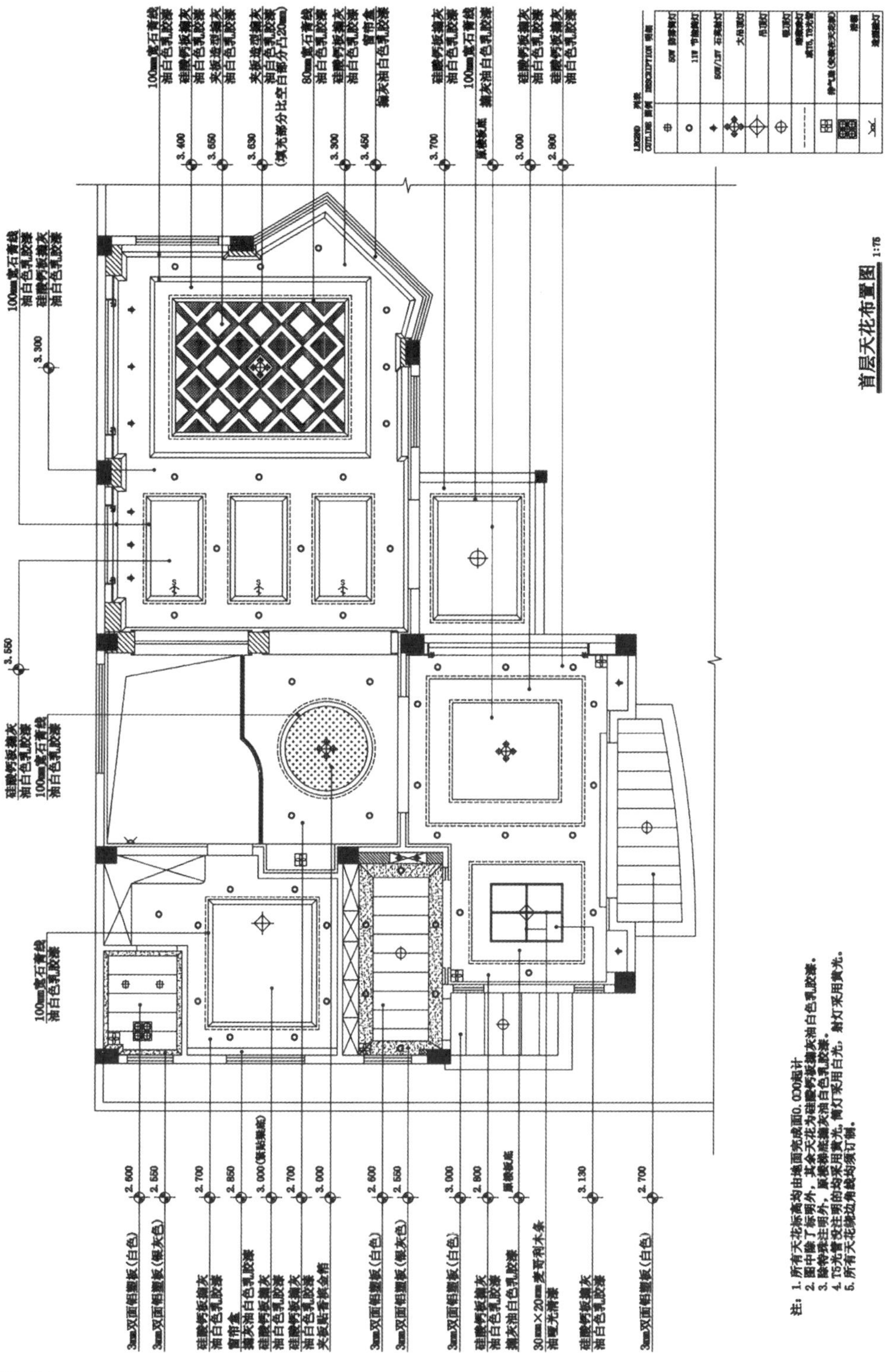

图4-89 某别墅顶棚设计图

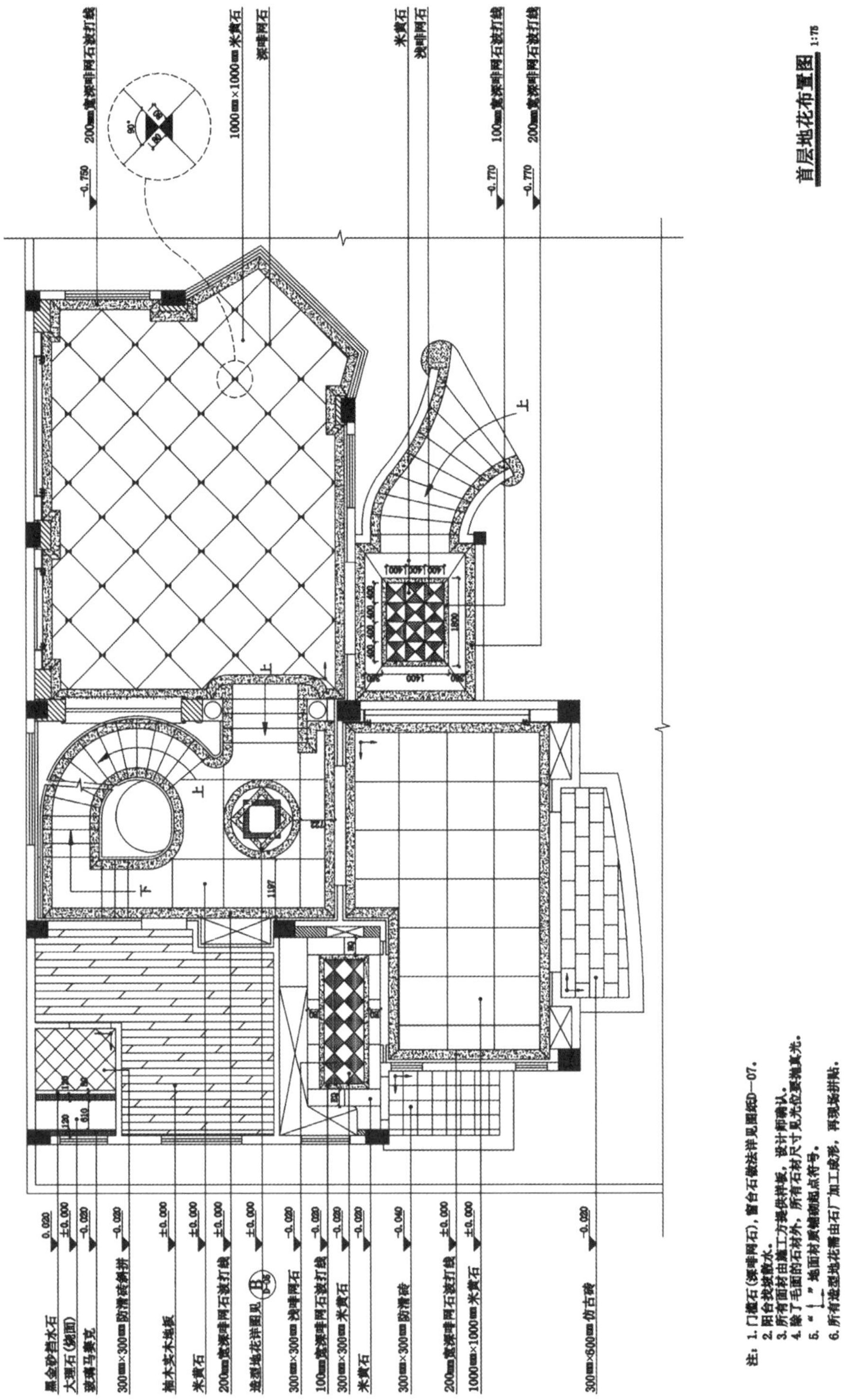

基金会挡水石 -0.020
大理石 (全面) -0.000
适面马赛克 -0.020
300mm×300mm防腐蚀线地砖 -0.020
柚木实木地板 ±0.000
米黄石 ±0.000
200mm宽瓷呤网石波打线 ±0.000
过渡地花洪用见 ±0.000 B
300mm×300mm纹形网石 -0.020
100mm宽瓷呤网石波打线 -0.020
300mm×300mm米黄石 -0.020
300mm×300mm防滑砖 -0.040
±0.000
±0.000
200mm宽瓷呤网石波打线 ±0.000
1000mm×1000mm米黄石 -0.020
300mm×600mm仿古砖

注: 1. 门槛石 (瓷呤网石), 窗台石做法详见图印-07。
2. 阳台找坡放水。
3. 所有面材由施工方连供样板, 设计师确认。
4. 除丁毛面的石材外, 所有石材尺寸见左应呈镜面抛光。
5. "↑" 地面材质碰地的起点符号。
6. 所有造型地花需由厂加工成整, 再现场拼贴。

200mm宽瓷呤网石波打线
1000mm×1000mm米黄石
瓷呤网石
米黄石
瓷呤网石
-0.750
-0.770
-0.770
米黄石
波画网石
100mm宽瓷呤网石波打线
200mm宽瓷呤网石波打线

首层地花布置图 1:75

图4-90 别墅地面设计图

- 118 -

（二）立面图与剖面图

立面图与剖面图是我们的概念设计能否真正落地的重要辅助设计图。在室内空间中，重要界面造型、尺寸、颜色、材料、肌理等都必须在图纸上表达出来，设计人员在施工前须与施工单位进行图纸交底（图4-91~图4-97）。

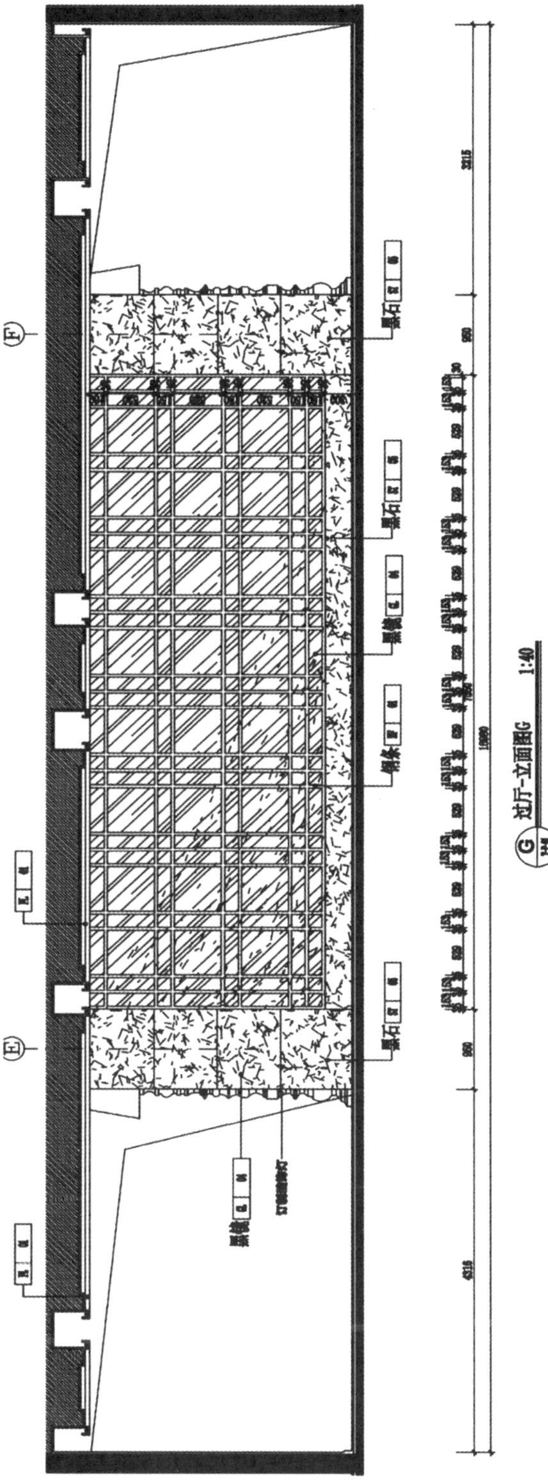

图4-91 过厅立面图G

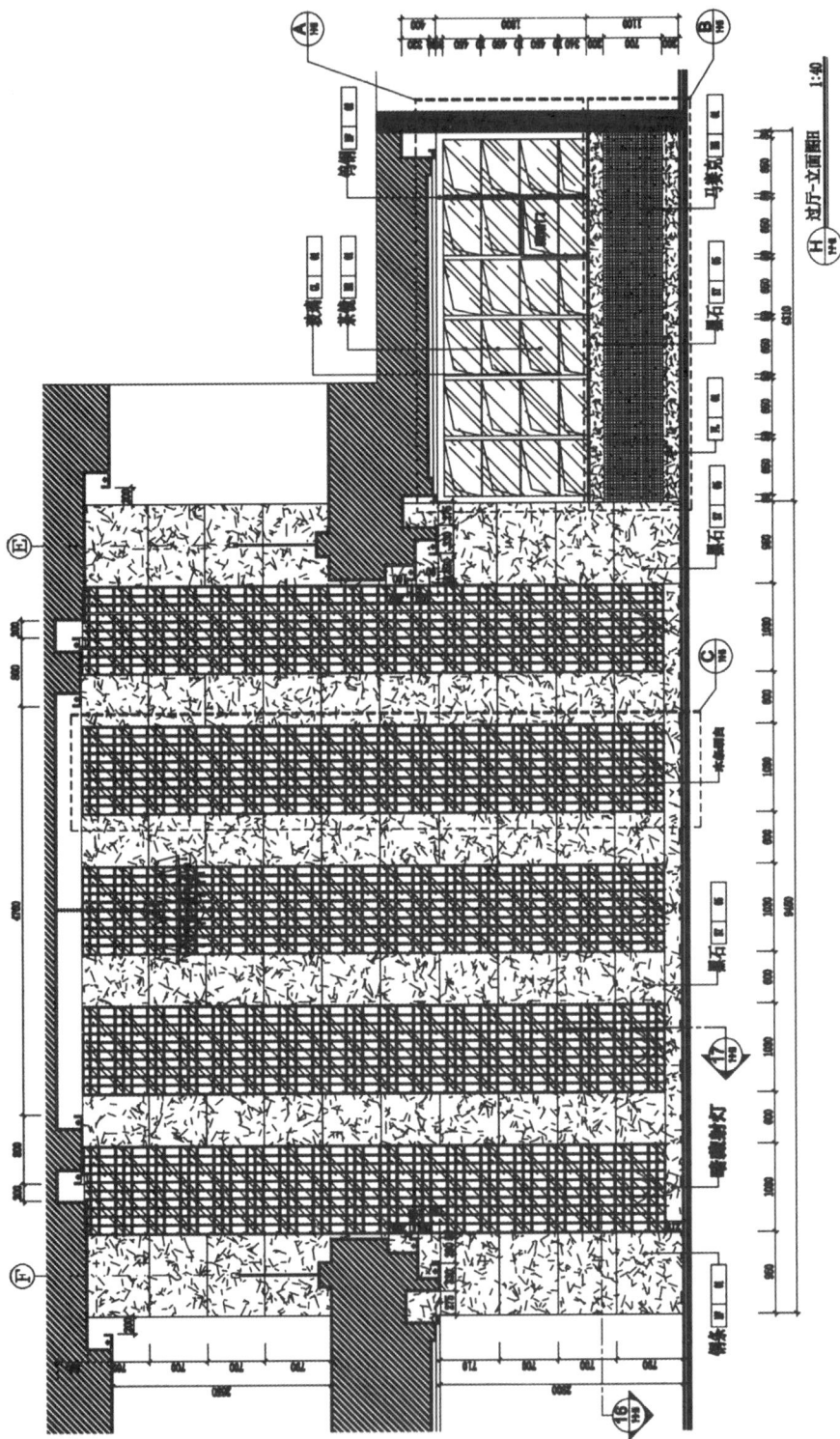

图4-92 过厅立面图H

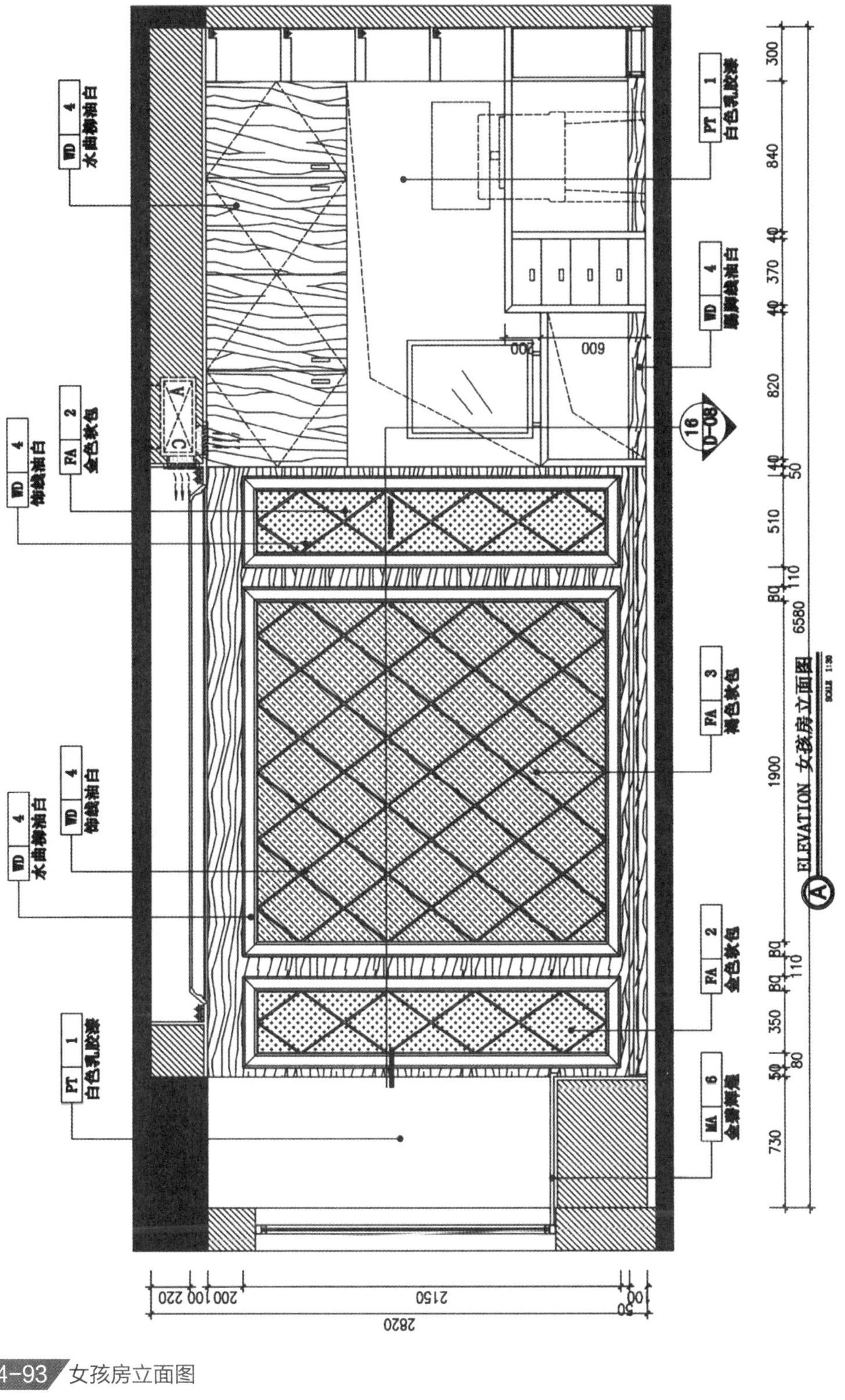

图4-93 女孩房立面图

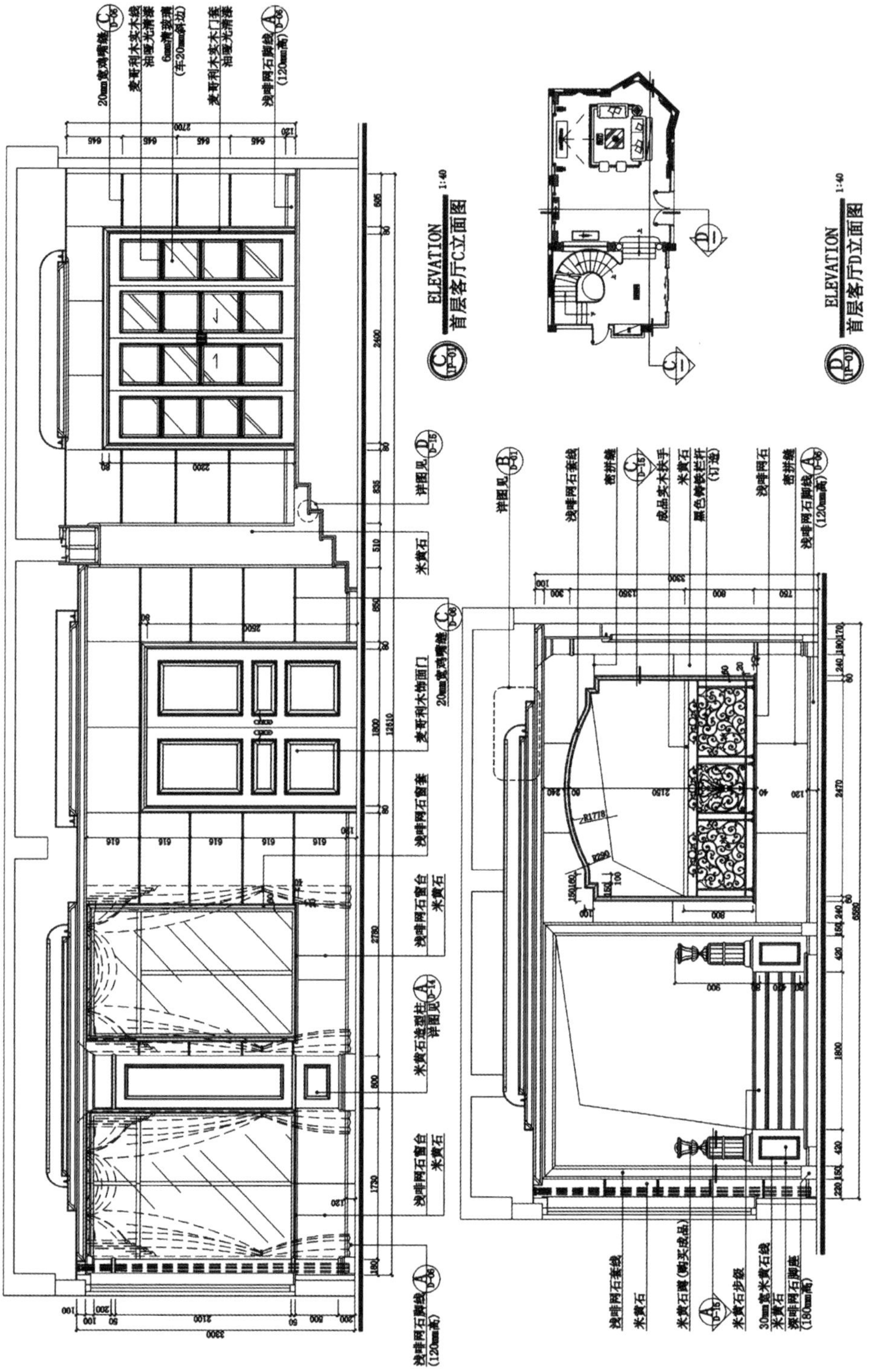

图4-94 首层客厅C、D立面图

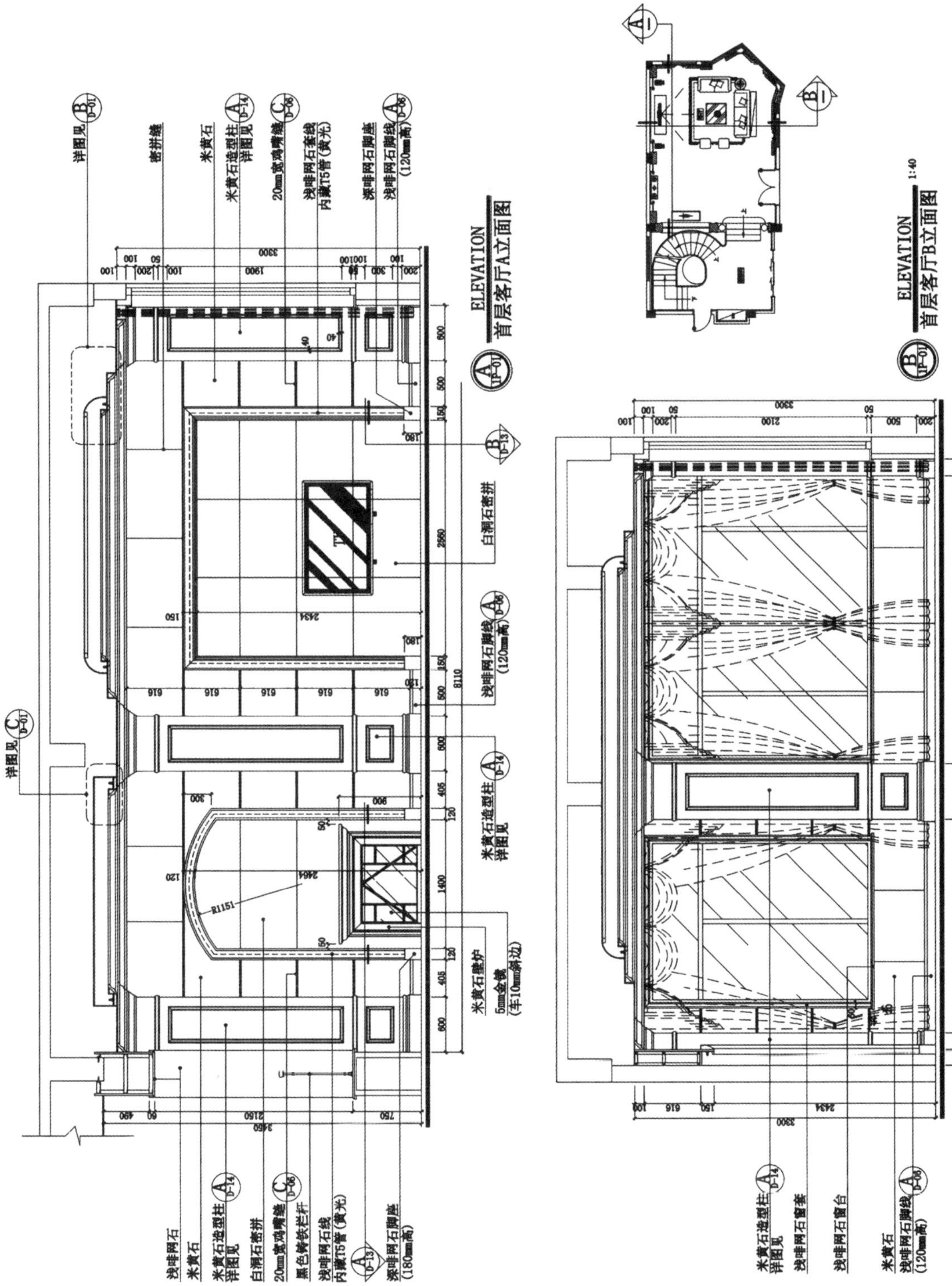

ELEVATION
首层客厅A立面图

ELEVATION 1:40
首层客厅B立面图

图4-95 首层客厅A、B立面图

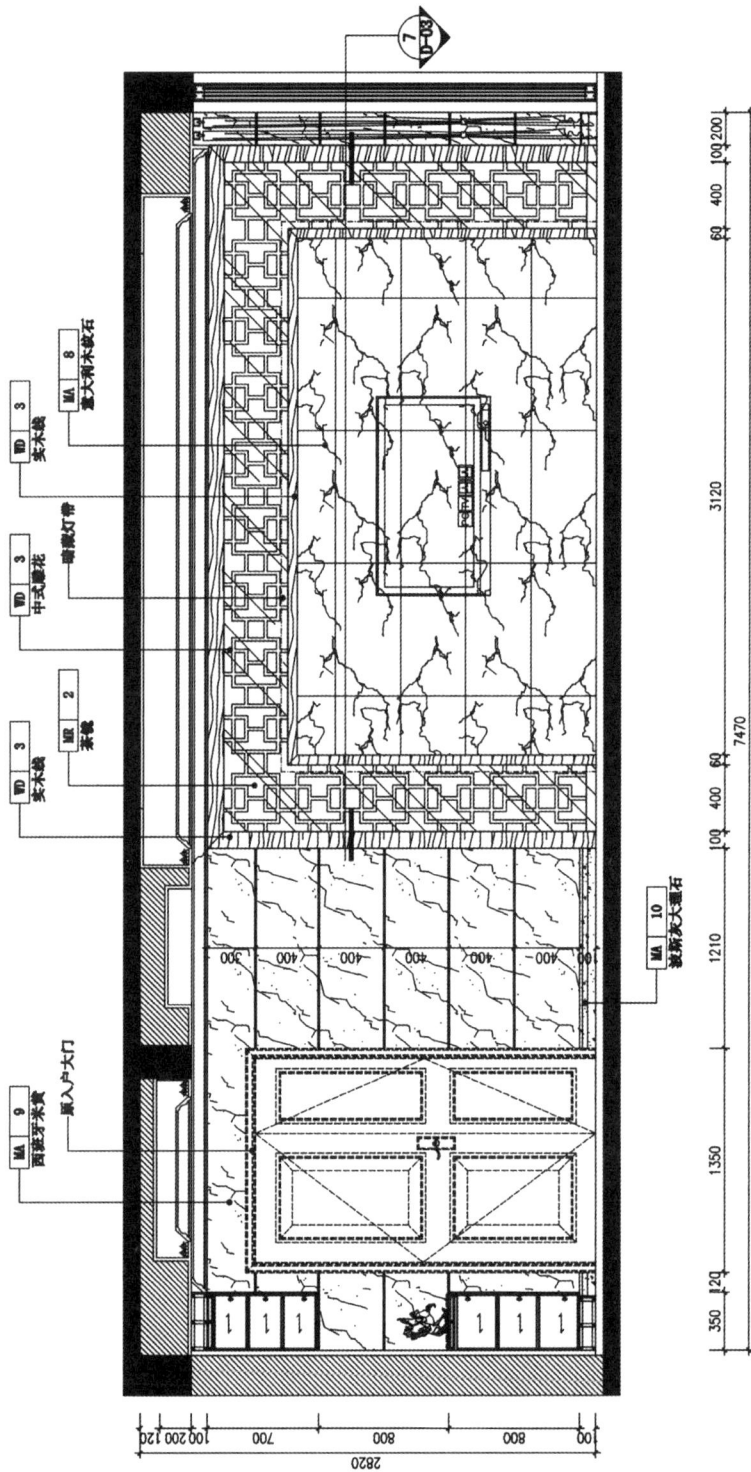

图4-96 某休闲电视背景立面图

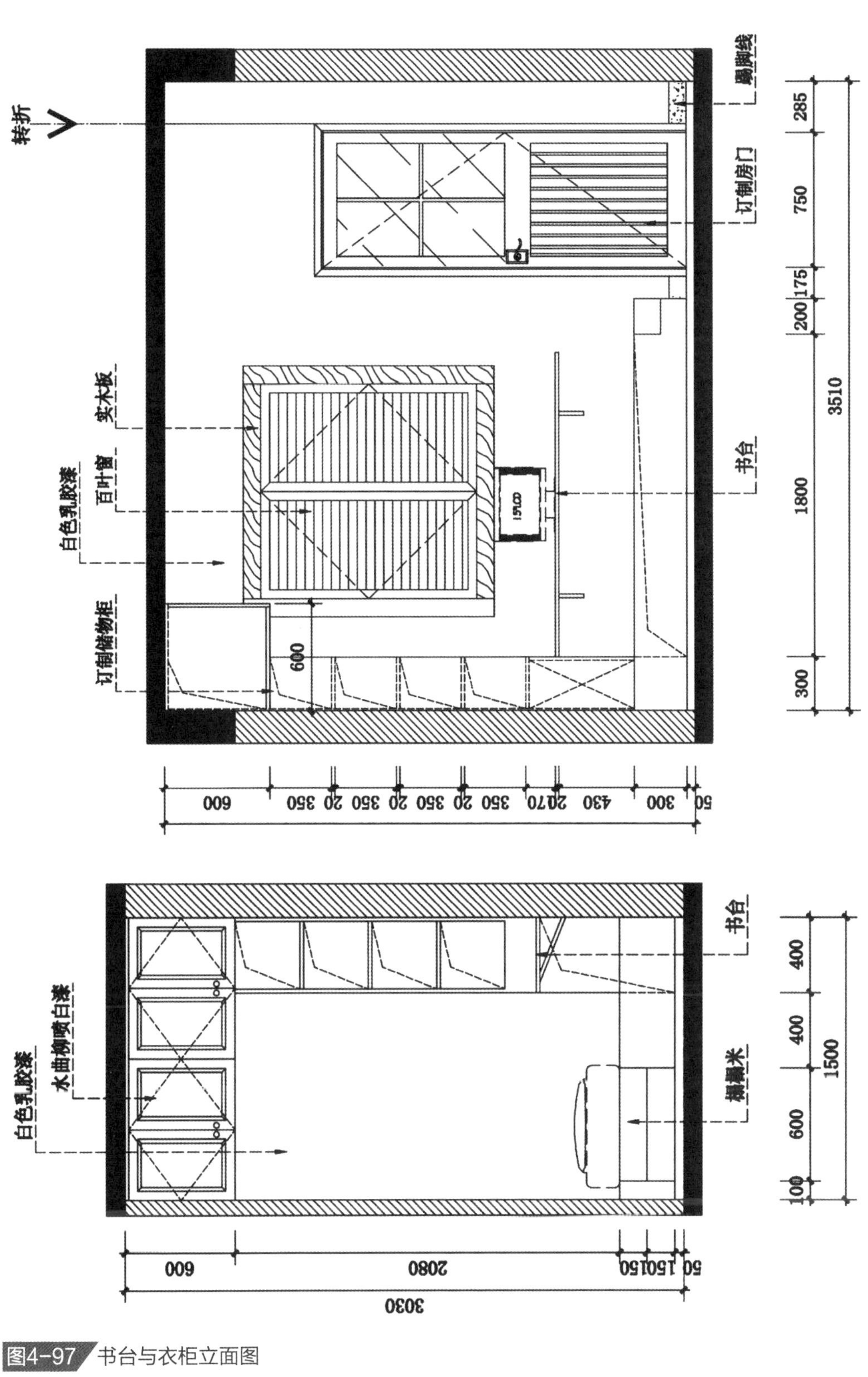

转折

踢脚线
订制房门
实木板
百叶窗
白色乳胶漆
订制储物柜
书台

285 750 200 175 3510 1800 300

600

50 300 430 2070 350 20 350 20 350 20 350 600

600

1500(LCD)

白色乳胶漆
木曲柳喷白漆
书台
抽屉米

400 400 1500 600 100

600 2080 50 150 50 3030

图4-97 书台与衣柜立面图

（三）节点大样图

节点大样图是施工图中最难理解的设计图，需要设计师对施工工艺比较熟悉。其包括的内容很多，包括门套做法、石套和石线的尺寸、柱子的造型、重点装饰点的结构等都要详细表达出来。不少设计单位现已把节点大样图作为施工图设计水平高低的重要检测标准之一（图4-98~图4-107）。

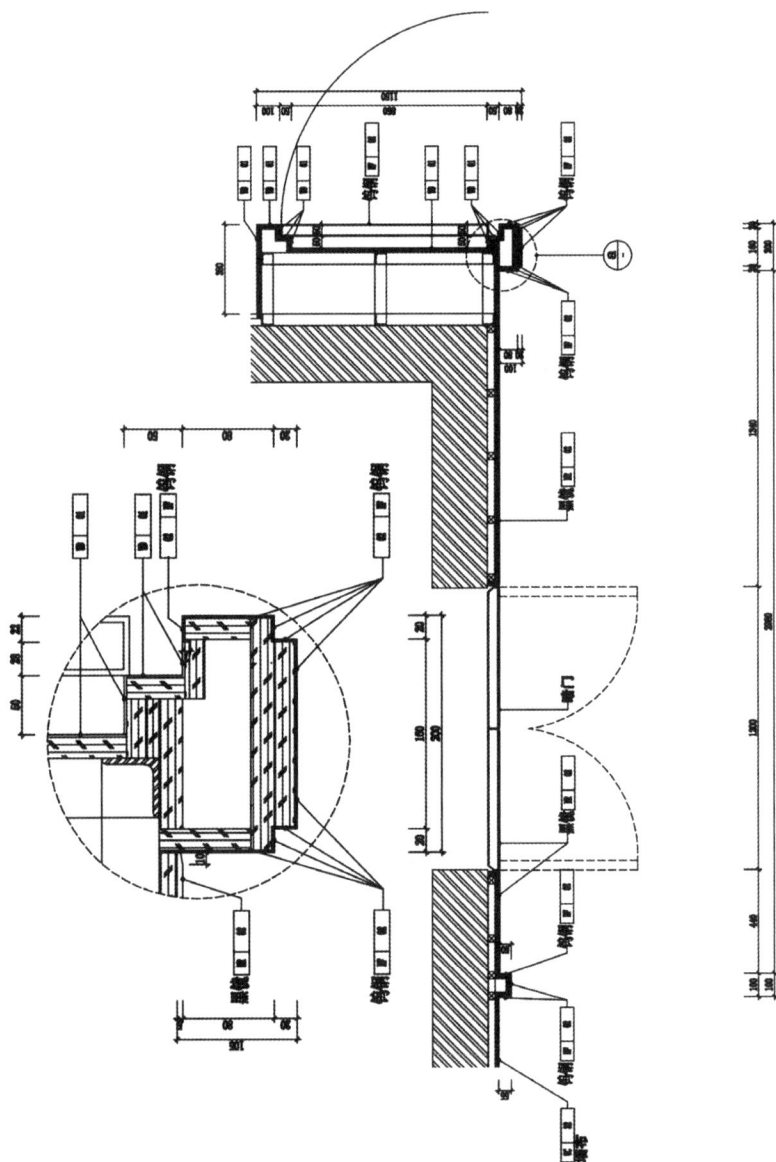

图4-98 门套订制部位大样

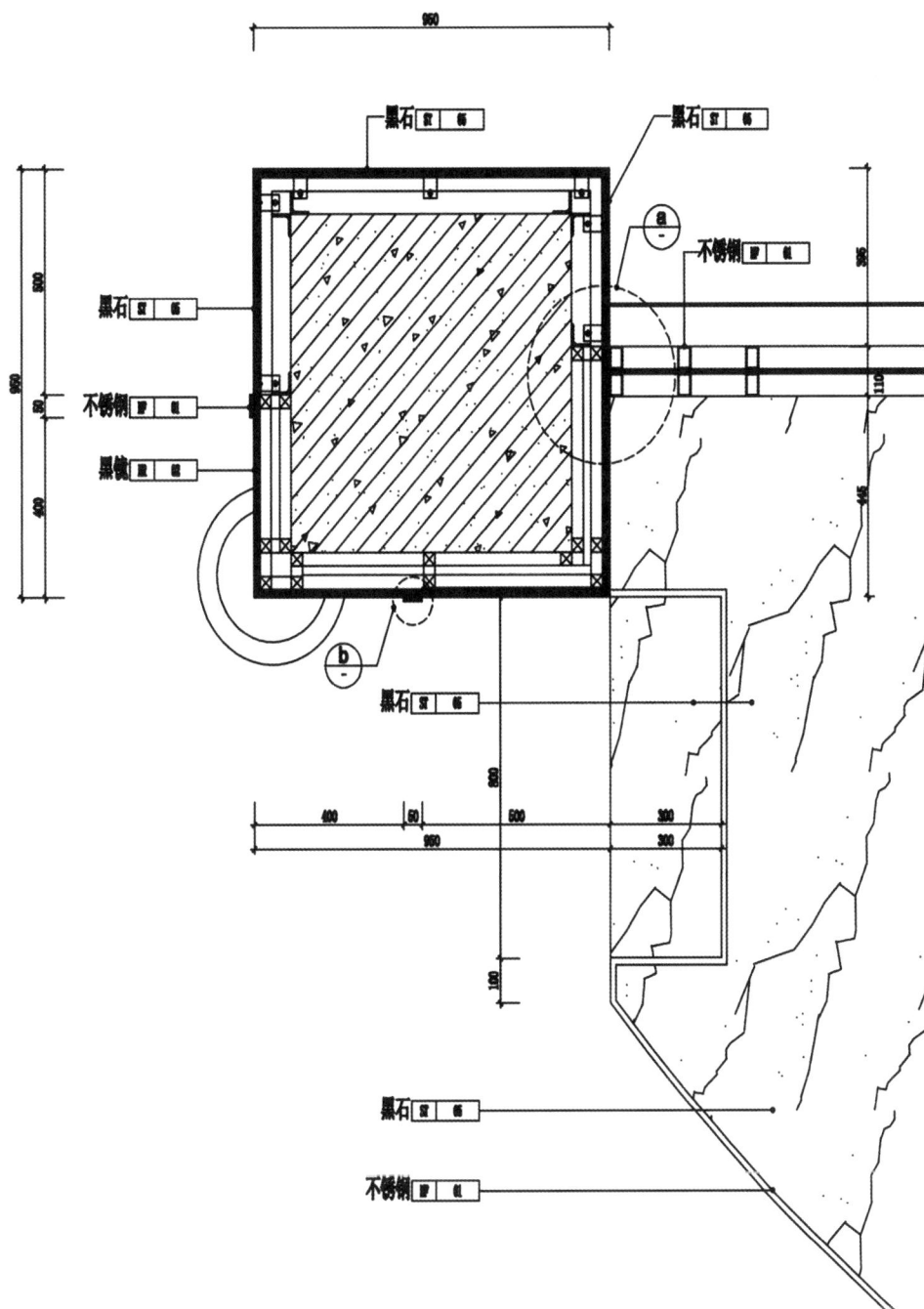

图4-99 装饰石柱大样图

黑石 ST 05

不锈钢 BF 01

黑镜 MR 02

不锈钢 BF 01

马赛克 MS 01

a 大样图   1:2

黑镜 MR 02

不锈钢 BF 01

马赛克 MS 01

b 大样图   1:2

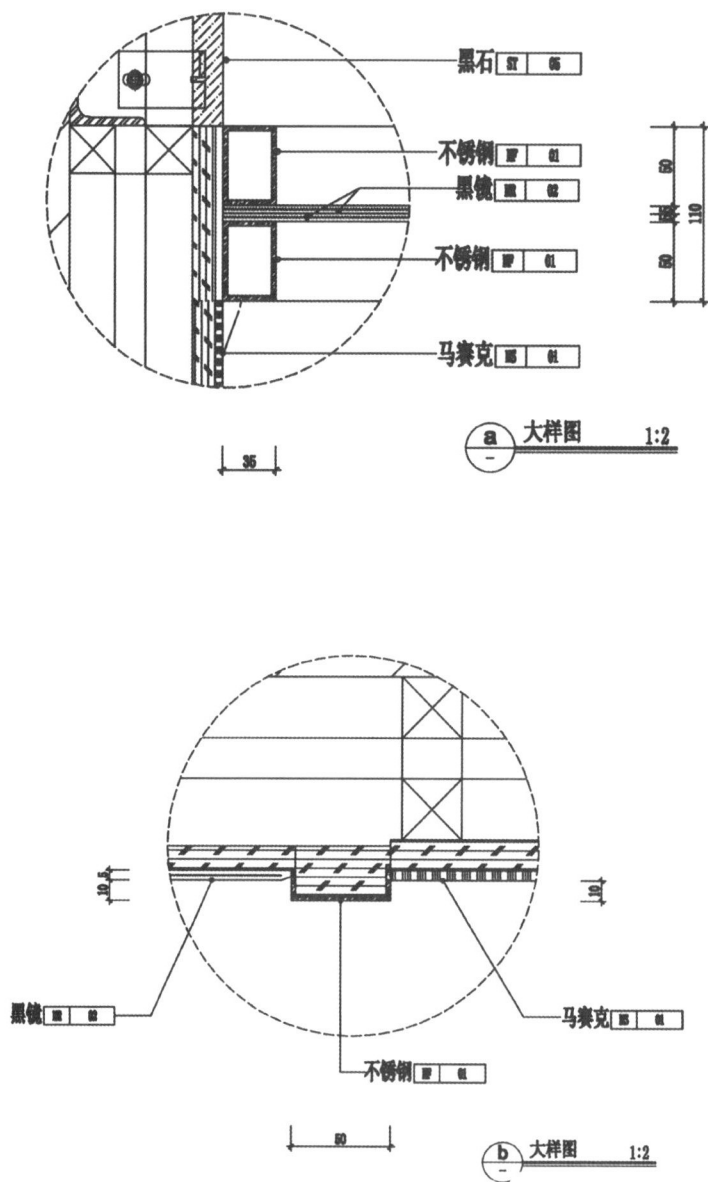

图4-100 背景装饰黑镜大样图

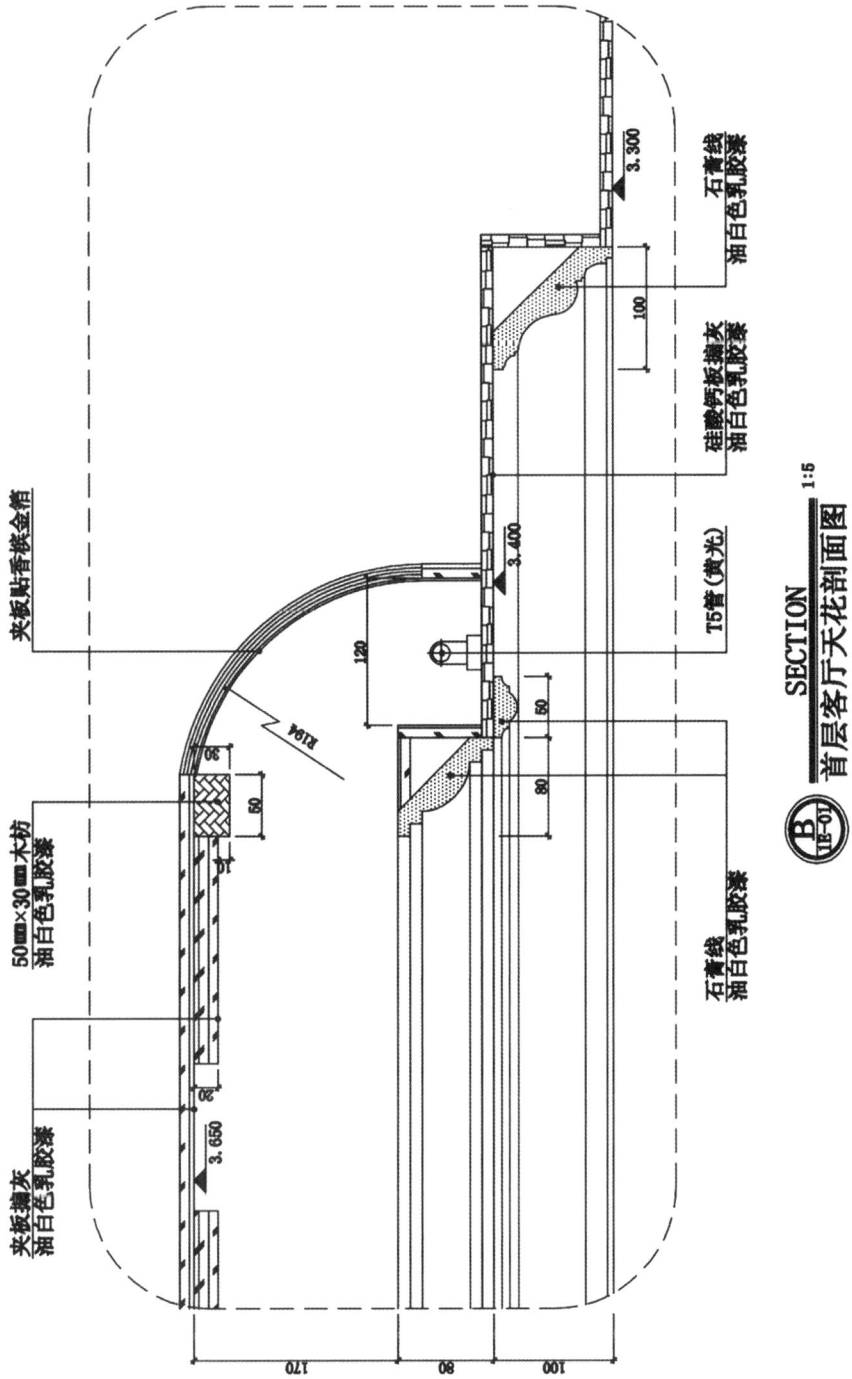

石膏线
涮白色乳胶漆

硅酸钙板满灰
涮白色乳胶漆

T5管(黄光)

石膏线
涮白色乳胶漆

夹板贴香槟金箔

50mm×30mm木枋
涮白色乳胶漆

夹板满灰
涮白色乳胶漆

SECTION 1:5
B 首层客厅天花剖面图
1F-01

图4-101 顶棚剖面图

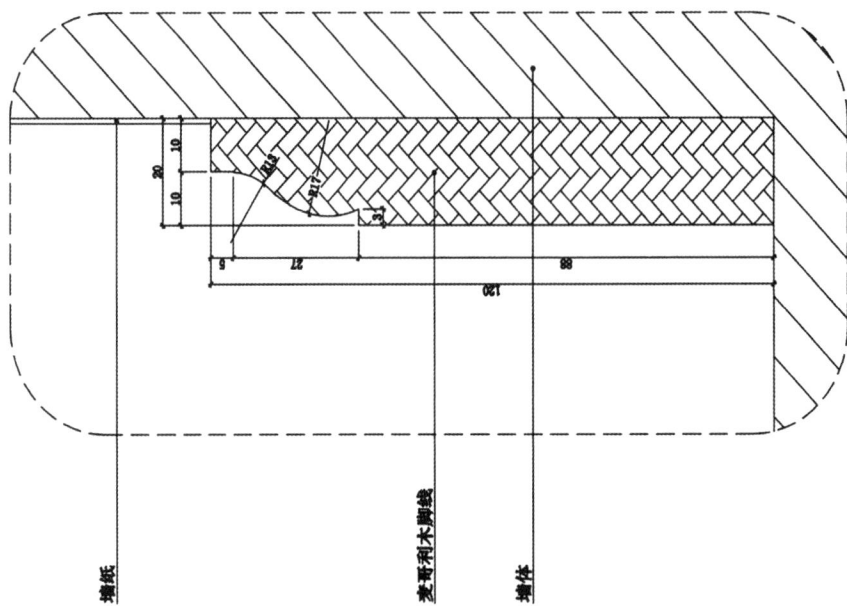

DETAIL 1:1
麦哥利木脚线大样图
B D-06

墙纸

麦哥利木脚线

墙体

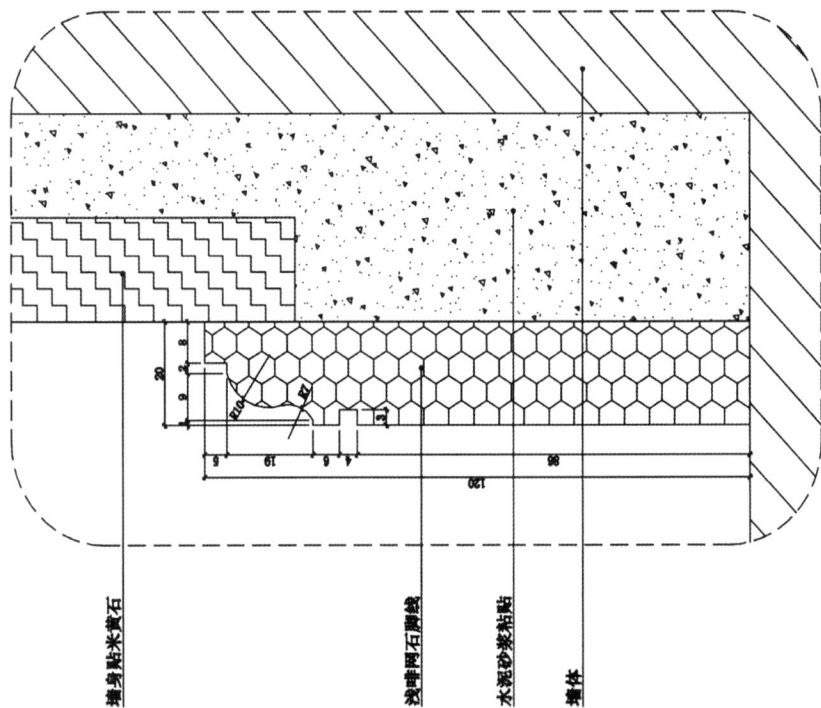

DETAIL 1:1
浅啡网石脚线大样图
A D-06

墙身贴贴米黄石

浅啡网石脚线

水泥砂浆粘贴

墙体

图4-102 脚线大样图

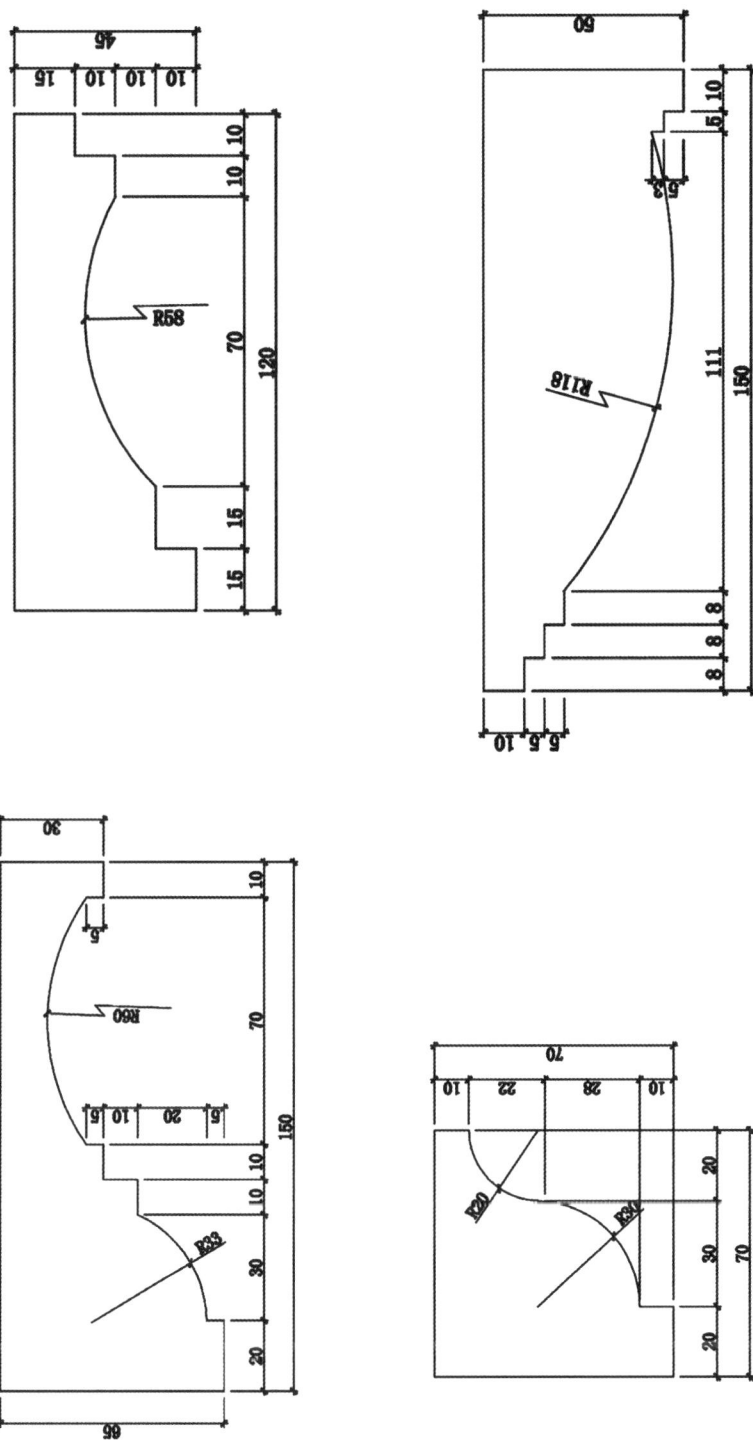

图4-103 订制石线大样图

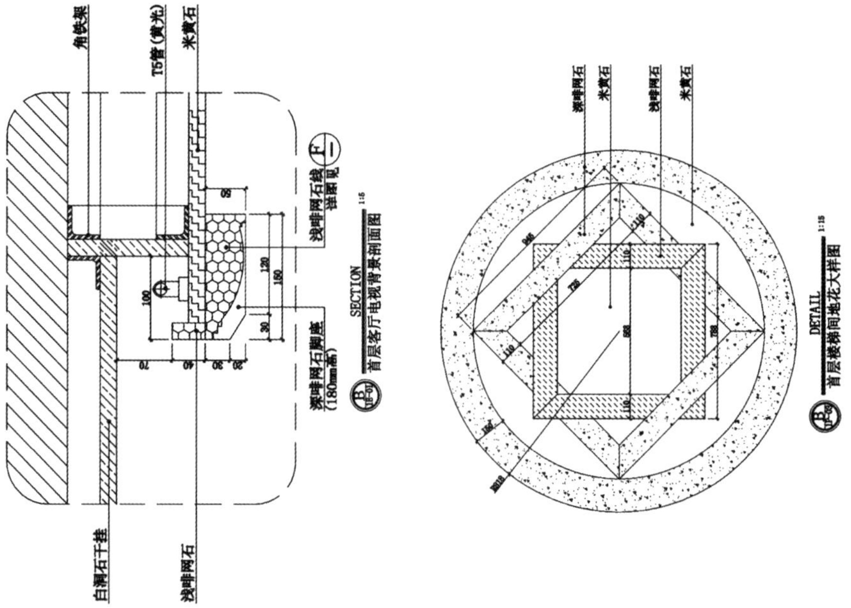

图4-104 细节大样与剖面图

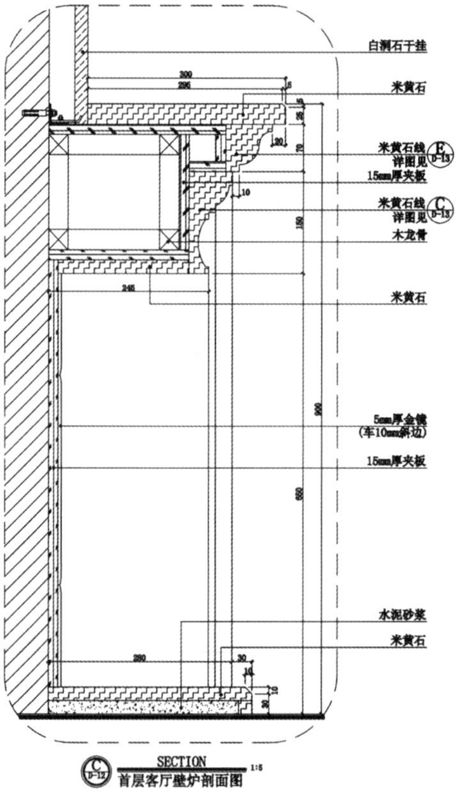

图4-105 壁炉剖面图

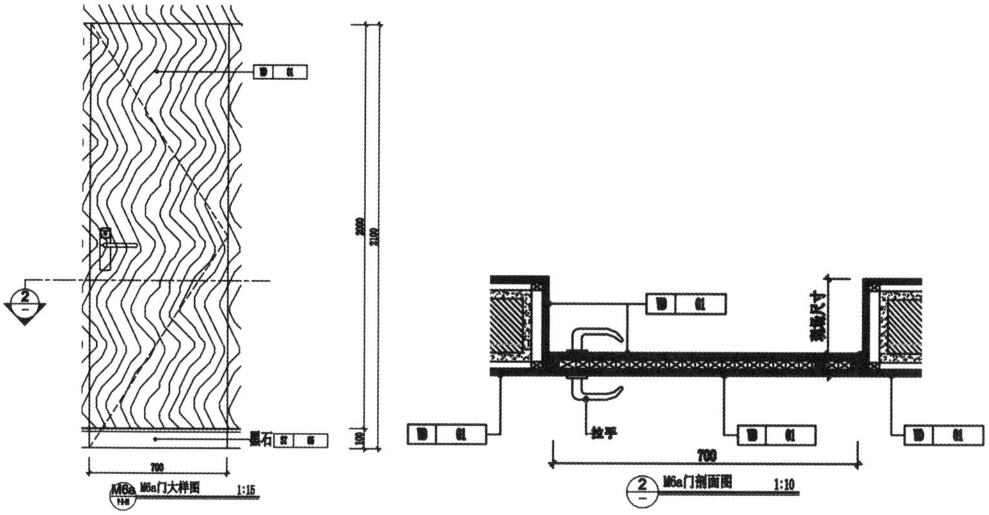

图4-106 房门大样与剖面图

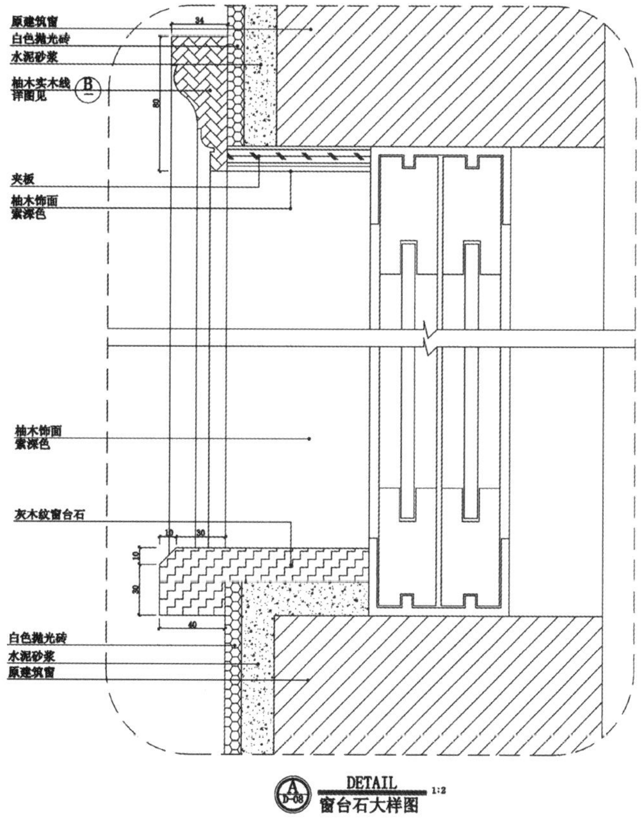

图4-107 窗台石做法大样图

四、具体项目设计应用案例

在掌握室内设计的基本理论与技巧后，设计人员可以用其他的表达方式来进行设计工作的尝试，特别是初学者，在不断地探讨学习中，慢慢找到适合自己的设计表达方式，以便设计工作的顺利进行。在综合设计应用中，设计人员仍以三大步作为基础：

第一步，平面功能布局的草图——以构思为主要内容。解决重点：空间设计中的功能问题，包括平面功能分区、交通流向、家具位置、陈设装饰、设备安装。绘制草图时反复比较，协调矛盾，求得最佳配置。

第二步，空间形象构思的草图——以表现为主要内容。空间形象构思的草图作业以徒手的空间透视速写为主，思维方式：空间形式、构图法则、意境联想、流行趋势、艺术风格、建筑构件、材料构成、装饰手法。

第三步，方案确定与制图阶段。设计思维的进一步深化，把设计空间构思展示在客户面前。完整的方案图作业应该包括平面图、空间效果透视图以及相应的材料样板和简要的设计说明。

以下是一个以草图大图软件为主要辅助设计工具来做的一个案例，希望能给初学者一定的启发。

设计任务概况：项目位于广州市某小区的一个有20多年楼龄的二手商品房，业主是个"90后"，他希望投入15万元左右，把这个只有80m²左右的小房子全部做好（包括家具、家电、主材），要求做成现代地中海风格，把原来不合理的布置重新设计，强调要有一个精致的小书房，业主透露这个房子作为他的新婚房，希望室内空间氛围有温馨舒适的感觉。具体图示见图4-108~图4-123。

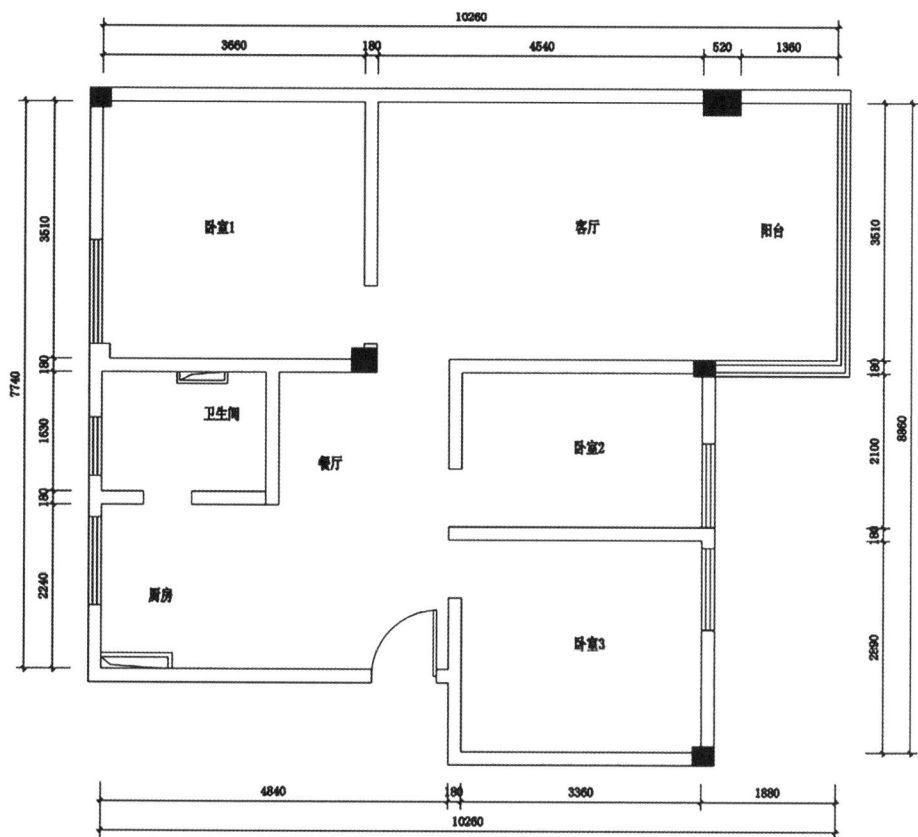

单位：mm

图4-108 原建图

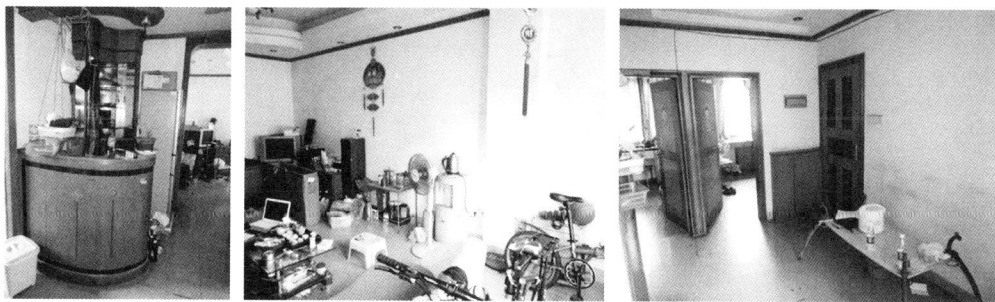

图4-109 现场情况

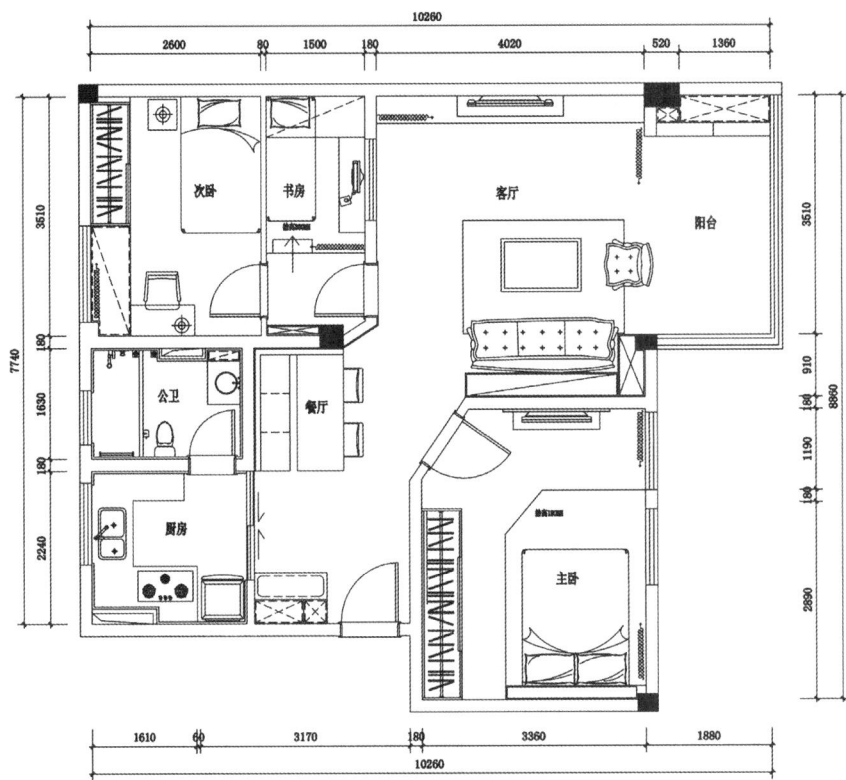

单位：mm

图4-110 平面布置设计图

图4-111 地中海风格客厅设计效果图

图4-112 鸟瞰模拟效果

图4-113 电视背景设计模拟效果

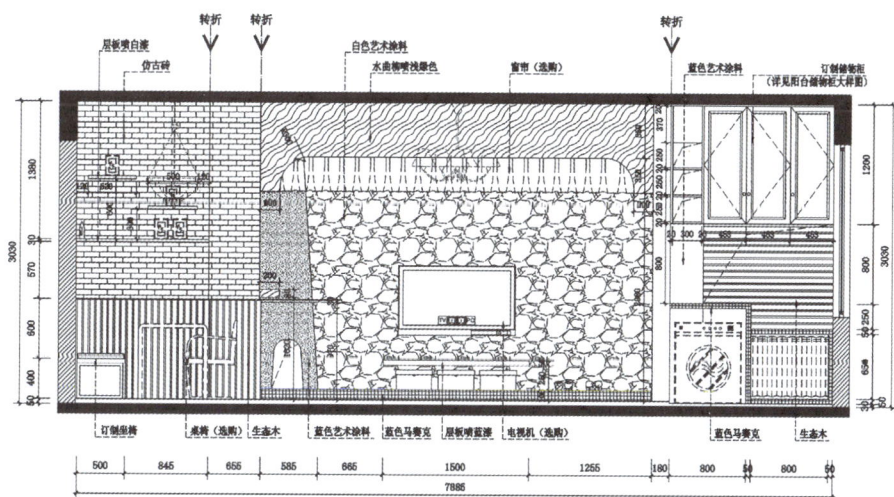

单位：mm

图4-114 电视背景立面图

图4-115 沙发背景模拟效果

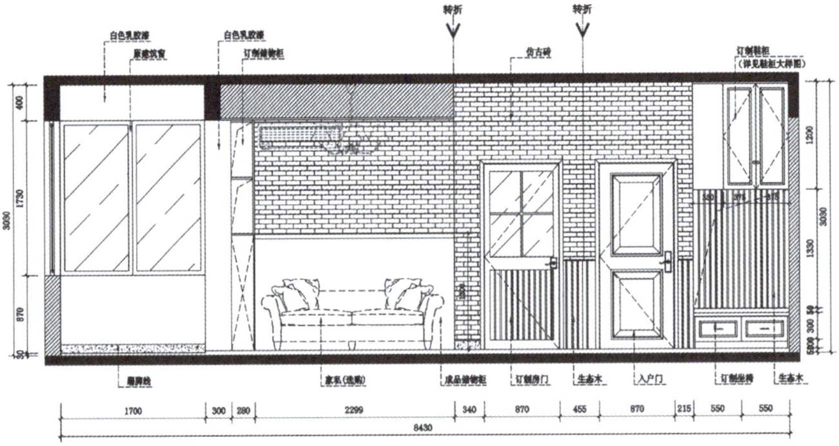

单位：mm

图4-116 沙发背景立面图

图4-117 客厅、书房衔接空间模拟效果

图4-118 餐厅模拟效果

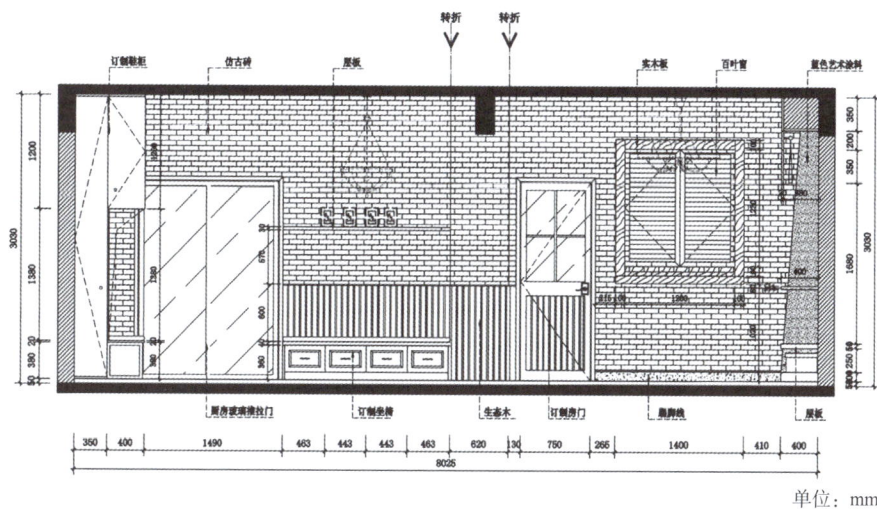

单位：mm

图4-119 餐厅立面图

图4-120 主人房模拟效果

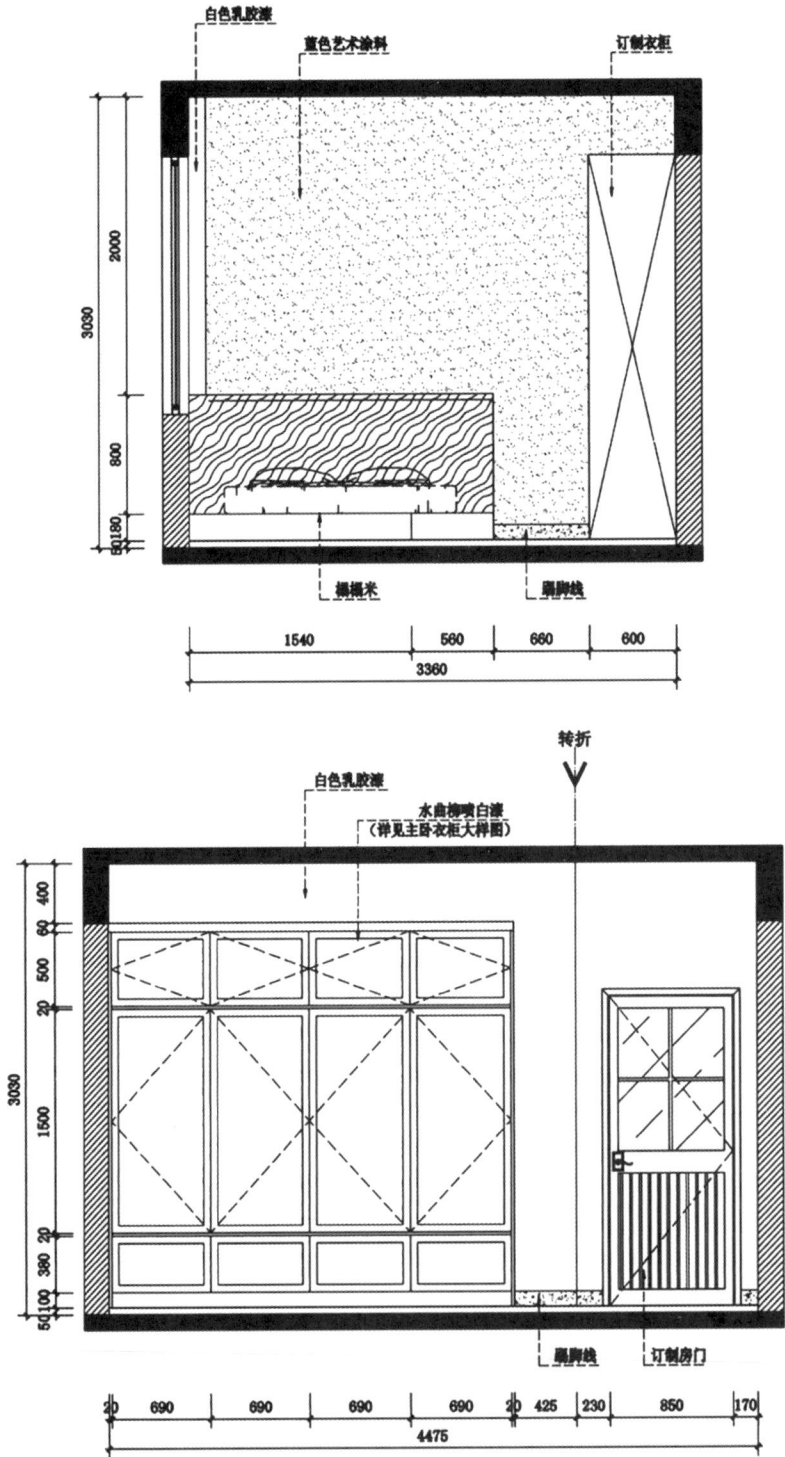

白色乳胶漆
蓝色艺术涂料
订制衣柜
3030
2000
800
50 180
榻榻米
踢脚线
1540   560   660   600
3360

转折

白色乳胶漆
水曲柳喷白漆
（详见主卧衣柜大样图）
3030
400
60
500
20
1500
20
380
20
50 100
踢脚线
订制房门
20 690   690   690   690 20 425 230 850 170
4475

单位：mm

图4-121 主人房立面图

图4-122 书房模拟效果

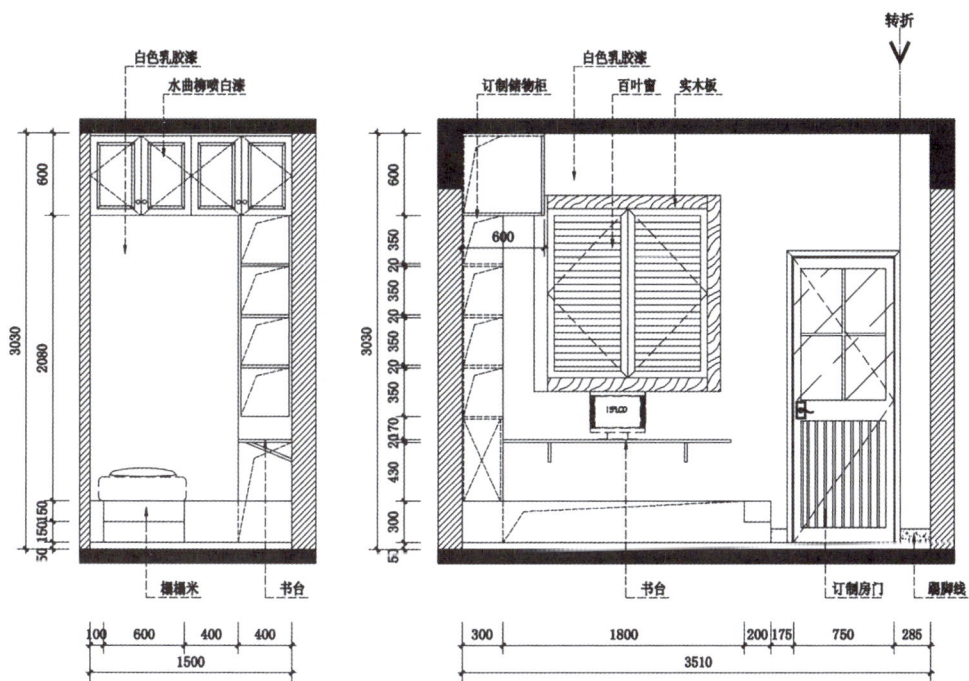

单位：mm

图4-123 书房立面图

五、四大常用空间的综合思考

室内空间设计学习和应用中，住宅空间、办公空间、餐饮空间、娱乐空间是最常见和需求量最多的重要空间，其中居住空间是基本，也是最熟悉的空间，其他空间是在其基础上进行特定功能和艺术美学等方面的升华设计应用的结果。

（一）住宅空间

住宅形式最能体现使用者的性格。例如，方形的空间简洁整齐，让人感觉理智规整；曲面空间自由浪漫，让人感觉跳跃活泼；非直角空间让人感觉无拘无束。空间的造型是体现个性化的重要内容。

当住宅厨房空间较小时，可将厨房空间与室内客厅连成一体，成为"一体式"住宅空间结构，再在厨房与客厅之间添加鱼缸、绿色植物等。卧室的空间造型应该根据住户的性格爱好设计，此时住户应该参与其中，性格文静的可以将卧室设计成简约风格，性格外向的可以设计成富有层次感的空间，良好的空间层次变化使空间更好地被合理使用（图4-124）。

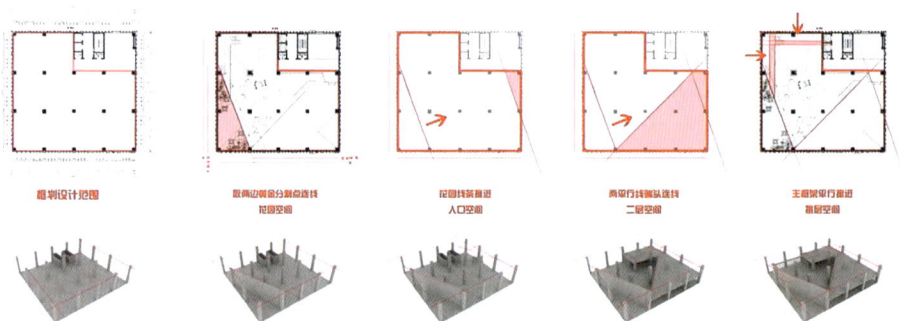

图4-124 空间的层次变化

住宅空间主要以家庭为主。家庭活动的主要标新在休息、起居、学习、饮食、家务、卫生等方面，各种活动在家庭中所占时间不同，花费的能量及其效率也是不同的。住宅空间环境与功能的设计核心是居住环境的舒适性，住宅内功能空间通常被划分为三类：第一类是家庭成员及客人的公共活动空间，如客厅、起居厅、餐厅等，其活动内容包括聚会、会客、视听、娱乐、就餐等行为；第二类是家庭成员个人活动的空间，如卧室、书房、厨房，活动内容为休息、睡眠、学习、业余爱好、烹饪等；第三类是家庭成员的生理卫生及备品储藏空间，如卫生间、杂物间、衣帽间等，活动内容为淋浴、便溺、洗面、化妆、洗衣备品及衣物储存等。

近几年来，住宅设计一直是人们关注的重点，人们对住宅的使用功能、舒适度以及环境质量更加关心。住宅建设也从"量变"到"质变"，从一开始人们对量的追求逐渐过渡到对质的追求，健康住宅越来越受到人们的关注。

住宅设计是根据建筑物的使用性质、所处环境和相应标准，运用物质技术手段和建筑设计原理，创造功能合理、舒适优美且满足人们物质和精神生活需要的住宅环境。

住宅空间中主要包括起居室、餐厅、厨房、卧室、洗手间，这些功能空间组成了住宅室内设计的最基本空间使用需要，以下我们分别对这些功能空间特点进行设计的分析和应用的规律、原则等的归纳梳理。

1.起居室

起居室也就是我们常说的客厅。在家居布置中，客厅往往占据非常重要的地位，在布置上一方面注重满足会客这一主题的需要，风格用具方面尽量为客人创造方便；另一方面，客厅作为家庭外交的重要场所，更多地用来凸显一个家庭的形象，因此规整、庄重、大气是其主要风格追求。

2.卧室

卧室其空间、面积大小不同，布局方式也有所差异。主要有两种布局：小面积简单布局；中性兼顾功能性布局。

3.餐厅

良好的餐厅设计往往能为创造更趋合理的户型起到中间转换与调整的作用。起居室与餐厅有机结合，形成一个布局合理、功能完善、活动便捷、生活舒适和富有情趣的户内公共活动区，继而优化各区功能，满足现代住宅设计的需求，也将直接影响到其他功能房间的布置方式。

4.厨房

厨房的设施人多与尺寸有关，都要根据人的身体尺寸来确定。

（1）工作台尺寸。厨房工作台的高度应以人体站立时手指触及洗涤盆底部为准。另外，加工操作的案桌柜体，其高度、宽度与水槽规格应统一。

（2）吊柜尺寸。常用吊柜顶端高度不宜超过230cm，以站立可以顺手取物为原则，长度方面则可依据厨房空间，将不同规格的厨具合理地配置即可。

（3）地柜宽度。在设备旁应配置适当面宽的操作台面，而这些地柜的宽度除了考虑储藏量外，还要与人体动作和厨房空间相协调。

（4）高柜尺寸。高柜的宽度不宜太宽，柜门应不大于600mm，操作台用于完成所有的炊事工序。因此，其深度以操作方便、设备安装需要与储存量为前提。

（5）灶台与水槽的距离。一般调整到两只手臂张开时的距离范围内最为理想。

5.卫生间

卫生间是家庭成员进行个人卫生工作的重要场所，是每个住宅不可或缺的一部分，它是家居环境中较实用的一部分，当代人们对卫生间及卫生设施的要求越来越高，卫生间的实用性强，利用率高，设计时应该合理、巧妙地利用每一寸面积。有时，也将家庭中一些清洁卫生工作纳入其中，如洗衣机的安置、洗涤池、卫生打扫工具的存放等。卫生间是虽然占用的面积不大，容易在设计中忽略，但其空间作用非常重要，在设计中要注意几个方面：

（1）卫生间设计的基本原则。卫生间设计应综合考虑清洗、浴室、厕所三种功能的使用；卫生间的装饰设计不应影响卫生间的采光、通风效果，电线和电器设备的选用、设置应符合电器安全规程的规定；地面应采用防水、耐脏、防滑的地砖、花岗岩等材料；墙面宜用光洁素雅的瓷砖，顶棚宜用塑料板材、玻璃和半透明板材等吊板，也可用防水涂料装饰；卫生间的浴具应有冷热水龙头，浴缸或淋浴宜用活动隔断分隔；卫生间的地坪应向排水口倾斜；卫生洁具的选用应与整体布置协调。

（2）功能分布。一个完整的卫生间，应具备入厕、洗漱、沐浴、更衣、洗衣、干衣、化妆以及洗理用品的贮藏等功能。在布局上来说，卫生间大体可分为开放式布置和间隔式布置两种：开放式布置就是将浴室、便器、洗脸盆等卫生设备都安排在同一个空间里，是一种普遍采用的方式；间隔式布置一般是将浴室、便器纳入一个空间而让洗漱独立出来，这不失为一种不错的选择。条件允许的情况下可以采用这种方式。

（3）开关的位置与灯位要相对应，同一室内的开关高度应一致，卫生间应选用防水型开关，确保人身安全。

（4）卫生间的色彩也要适应人体视觉感应。一般来说，白色的洁具显得清丽舒畅，象牙黄色的洁具显得富贵高雅；湖绿色的洁具显得自然温馨；玫瑰红色的洁具则富于浪漫含蓄色彩。不管怎样，只有以卫生洁具为主色调，与墙面和地面的色彩互相呼应，才能使整个卫生间协调舒逸。

（5）在设计洗手间的时候要注意洗衣机的大小，其往往影响到洗手盆、洗涤位置等相关设计。

（二）办公空间

现代办公空间设计是展现企业文化、企业实力、专业水准的窗口，好的设计能够让企业员工发挥工作上的能动性，促进员工思维和决策事务，满足人的精神文化需求，使人身处工作环境变成一种享受。

在办公空间设计中一般以类型或使用功能进行空间的划分。

1.类型划分

（1）按照布局形式划分。办公空间按布局形式划分主要体现在：独立办公室、开放式办公室、智能办公室三大类。

◎ 独立办公室是以部门或工作性质为单位划分，分别安排在大小和形状不同的空间之中。这种布局优点是各独立空间互相干扰少，灯光、空调系统可独立控制，同时可以用不同的装饰材料，将空间分成封闭式、透明式或半透明式，以便满足使用者的不同的使用要求。独立式办公室面积一般不大，缺点是空间不够开阔，各相关部门之间的联系不够直接与方便。受室内面积限制，通常配置的办公设施比较简单。独立办公室用于需要小间办公功能的机构或需安静、独立开发智慧的人群。

◎ 开放式办公室兴起于20世纪50年代末的德国，将若干部门置于一个大空间中，在现代企业的办公环境中比较多见。开放式办公室有利于提高办公设备、设施的利用率，以及办公空间的使用率。开放式办公空间多设在办公场所的中心区，利用家具和绿化小品等对办公室进行灵活隔断，且家具、隔断都可灵活拼接组装，形成一个个相对独立的区域（图4-125）。

◎ 智能办公室具有先进的通信系统，即具有数字专用交换机、内外通信系统，能够迅速快捷的提供各种通信服务、网络服务的系统；具有先进的OA（办公自动化）系统，其中每位成员都能够利用网络系统完成各项业务工作，同时通过数字交换技术和计算机网络是文件传递无纸化、自动化，设置远程视频会议系统，具有OA系统的办公特点，可通过计算机终端、多功能电话、电子对讲系统等来操作。

图4-125 开放式办公室实景示例

在设计此类办公系统时应与专业的设计单位写作完成，在室内空间与界面设计时予以充分考虑与安排。

◎ SOHO小型家居办公室目前也成为一种办公方式，个性化、小型化、一体化为其主要特点，同时也为新兴办公空间及办公家具市场的发展提供了无限商机。

（2）按照使用功能划分。办公空间根据室内使用功能需要，可分为门厅、接待室、工作室、会议室、管理人员办公室、高级管理人员办公室、设备与资料室、通道八个重要具体功能空间。

◎ 门厅在办公空间设计中具有重要位置。装饰门厅有着启动全局设计风格的作用，也是彰显和突出企业形象的地方。面积允许且讲究的门厅可安排一定的绿化小景和展品陈列区（图4-126）。

图4-126 门厅的设计实景示例

◎ 接待室是接待和浅谈的地方，往往也是产品展示的地方。在设计中，应注意提升企业文化，给人温馨、和谐的感觉。接待室要提倡公用，以提高利用率。接待室的布置要干净、美观、大方，可摆一些企业标志物和绿色植物及鲜花，以体现企业形象和烘托室内气氛（图4-127）。

图4-127 接待室设计效果

◎ 工作室即员工办公室，是根据工作需要和部门人数，根据建筑结构而设定的面积及位置。一定要注意使用方便、合理、安全，还要注意与整体风格相互协调。

◎ 会议室应设置在远离外界嘈杂、喧哗的位置。从安全角度考虑，应有宽敞的入口与出口及紧急疏散通道，并应有配套的防火、防烟报警装置及消防器材。会议室的设置应符合防止涉密、便于使用和尽量减少外来噪声干扰的要求。

◎ 管理人员办公室通常为部门主管而设，一般应紧靠管辖的部门员工工位，可作独立式或半独立的空间安排。室内至少设有办公台、椅、文件柜。

◎ 高级管理人员办公室处于企业决策层高级管理人员，他们的办公室在保守企业机密、传播企业形象等方面有一些特殊的需要，相对封闭、宽敞，方便工作，特色鲜明。

◎ 设备与资料室布局安排合理、适宜，注重保密性，同时对设备要便于调节、保养和维护，要考虑防火、防盗等问题。

◎ 通道是工作人员必经之路，主通道其宽度不应窄于1800mm，次通道不应窄于1200mm。在设计上应简洁大方，在无开窗的情况下要用灯光布置出良好的氛围。

2.设计重点

办公空间设计主要包括办公用房的规划、装修，室内色彩及灯光音响的设计，办公家具、办公用品及装饰品的配备和摆设等内容。影响办公室设计的三大要素有秩序感、明快感、现代感。我们在做方案时重点从平面布局、界面处理（墙、顶棚）、侧立面进行分析与设计。

（1）平面布局。平面布局的功能性应放在首位，根据使用的面积分配比例、房间大小、房间数量，还要对以后功能、设施可能发生的调整变化进行适当的考虑。

（2）界面处理。应考虑管线铺设、连接与维修方便，选用不易积尘、易于清洁、能防止静电的底面、侧面材料；界面的总体环境色调宜淡雅，如浅绿、浅蓝、米黄色、象牙色等，有利于提高工作效率，开阔思路，激发潜能。

（3）顶界面设计。应质轻并且有一定的光反射和吸音作用。顶界面设计中最为关键的是必须要与空调、消防、照明等有关设施工种密切配合，尽可能使平顶上部各类管线协配置，在空间高度和平面布置上排列有序（图4-128~图4-130）。

（4）侧立面布局。包括门、窗、

图4-128 明快型顶棚

图4-129 深沉型顶棚

图4-130 简洁型顶棚

墙，门有大门、独立式办公室间的房间门。大门一般都比较宽大，其宽度在1600~1900mm，用得最多的是外加通花的防盗门或是不锈钢的卷闸门，也有全封闭的卷闸门，但档次感不高。房间门可按办公室的使用功能、人流量的不同而设计，有单门、双门、通透式、全闭式、推开式、推拉式等不同的使用方式，有各种风格的造型、档次和形式。窗的装饰一般应和门及整体设计相呼应。在具备相应窗台板、内窗套的基础上，还应用考虑窗帘的样式及图案。墙是比较重要的设计内容，它往往是工作区域组成的一部分，好的墙面设计可以给室内增添出人意料的效果。办公室的墙面通常有两种结构，一是由于安全和隔声的需要而做的实墙结构；二是用玻璃或壁柜做的隔断墙结构。

3.采光与照明

（1）自然光源对办公环境的影响。自然光源的引入与办公室的开窗有直接关系，窗的大小和自然光的强度及角度的差异会对心理与视觉产生很大的影响。一般来说，窗的开敞越大，自然光的漫反射度就越强，但是自然光过强却会对室内人员产生刺激感，不利于工作，尤其对于计算机不利。为了避免阳光直射计算机使设备产生反光，可将窗帘设置成百叶窗的形式，还可以使用光线柔和的窗帘装饰设计，使光能经过二次处理，变为舒适光源。

（2）人工光源对办公环境的影响。在办公环境中，灯光的设计采用整体照明和局部照明相结合的方法进行布置。在大范围的空间中宜使用整体照明，可采用匀称的镶嵌于天棚上的固定照明，这种形式的照明为工作面提供了均匀的照度，还可帮助划分空间界面。为了节约能源或突出重点设计，可采用局部照明，在工作需要的地方再设置光源，并且提供开光和灯光减弱装备，使照明水平能适应不同变化的需要。

4.其他重要辅助设计

在办公空间设计中，除了对空间的装饰和软装搭配的物理性场景应用思考外，还要考虑办公空间的企业文化等软文化的展现和熏陶，其中，CI、VI作为办公空间重要的辅助设计，对整体空间的设计起到锦上添花的作用。

（1）CI。作为企业形象一体化的设计系统，是一种建立和传达企业形象的完整和理想的方法。企业可通过CI设计对其办公系统、生产系统、管理系统以及经营、包装、广告等系统形成规范化设计和规范化管理，由此来调动企业员工的积极性。CI系统由理念识别（Mind Identity，MI）、行为识别（Behavior Identity，BI）和视觉识别（Visual Identity，VI）三方面构成。MI称为CI的"想法"，它是企业的"心"，是战略决策面；BI称为CI的"做法"，它是企业的"手"，是战略执行面；VI称为CI的"看法"，它是企业的"脸"，是战略展开面。

（2）VI。一般包括基础部分和应用部分两大内容。其中，基础部分一般包括企业的名称、标志、标识、标准字体、标准色、辅助图形、标准印刷字体、禁用规则等；而应用部分则一般包括标牌旗帜、办公用品、公关用品、环境设计、办公服装、专用车辆等。作为VI系统的一部分，标识及导向系统在商业空间识别、导向、指导、提示等方面发挥着重要的作用，是商业空间持续、协调发展的有机组成部分。

（三）餐饮空间

餐饮空间是功能种类比较多的空间，在装饰设计中常见的类型有宴会厅、中餐厅、街边店（快餐厅）、西餐厅、咖啡厅、茶室、酒吧等。在具体设计中，界面、立面、地面成为重要表达核心。

1.七大类型

（1）宴会厅。主要是用来接待外国来宾或国家大型庆典、高级别的大型团体会议以及宴请接待贵宾之用，也是国际交往中常见的活动场所之一。宴会厅的装饰设计应体现庄重、热烈、高贵。灯饰由主体大型吸顶灯或吊灯以及其他筒灯、射灯或多盏壁灯组成，配套性强，这样既有很强的照度又有优美的光线，显色性很好。

（2）中餐厅。中式餐厅在我国酒店建设和餐饮行业中占了很重要的位置。中式餐厅在室内空间设计中通常运用传统形式的装饰，既可以运用藻井、宫灯、斗拱、挂落、书画、传统纹样等装饰语言组织空间或界面，也可以运用我国传统园林艺术的空间划分形式，拱桥流水、虚实相形、内外沟通等手法组织空间，以营造中华民族传统的浓郁气氛。中餐厅的入口处经常设置中餐厅的形象与符号招牌及接待台，入口宽大以便人流通畅。前室一般可设置服务台和休息等候座位。餐桌的形式有8人桌、10人桌、12人桌，以方形桌或圆形桌为主，如八仙桌、太师椅等家具。同时，设置一定数量的雅间或包房。

（3）街边店、快餐厅。街边店主要经营传统的地方小食、点心、风味特色小菜或中低档次的经济饭菜。这类餐厅要求空间简洁、运作快捷、经济方便、服务简单、干净卫生。快餐厅是提供快速餐饮服务的餐厅，可以认为是将工业化概念引入餐饮业的表现形式。

（4）西餐厅。满足西方人生活饮食习惯的餐厅，在设计风格和环境搭配上要符合与之相适应的用餐方式，和中餐厅有一定区别。西餐厅主要经营西方菜式，有散点式、套餐式、自助餐式，以及为人们提供休闲交谈、会友和小型社交活动的场所。西餐厅以供西方某国特色菜肴为主，其装饰风格也与某国民族习俗相一致，充分尊重其饮食习惯和就餐环境需求。在设计时通常运用一些欧洲建筑的典型元素，如拱券、铸铁花、扶壁、罗马柱、夸张的木质线条等来构成室内的欧洲古典风情。同时结合现代空间构成手段，从灯光、音响等方面加以补充和润色。也可以设计成一种田园诗般恬静、温柔、富有乡村气息的装饰风格，这种营造手法较多保留了原始、自然的元素，使室内流淌着一种自然、浪漫的气氛，质朴而富有生气。其家具多采用2人桌、4人桌或长条多人桌。

（5）自助餐厅。设计的重点是菜点台，一般设在靠墙或靠边的某一部分，以客人取用方便为宜。一般菜点台都要用长台，台上摆着各种食品、饮料，旁边放着各种餐具，菜点由客人自取。同时要求是冷菜靠前或靠边，热菜居中，大菜盘靠后，点食居中或靠边，在菜点台上还要摆上花坛，有层次和艺术感。

（6）咖啡厅、茶室。咖啡厅设计手段就是运用各项展示活动或橱窗、POP等诉求表现来吸引客人来店或入店。吧台的配置也具有引导的效果，同时在陈列表现上，能显示出咖啡的特性与魅力，并通过品目、规格、色彩、设计、价格等组合效果，以便于客人休闲，展现咖啡厅的整体效果。茶室外观设计要突出"茶"的素雅、清新的特点。室内大多采用传统风格，庄重堂皇，古朴典雅。橱窗设计尽量大一些，直接刺激消费者对品茶环境的认可。室内装饰的墙面应该素雅，一般用木质装饰板，漆成原色，同时应合理配合字画等，地面可以用木地板、大理石、水磨石、仿古地砖等，若铺地毯最好用绿色或灰色，千万不要用刺眼的色调。店内点缀可以适当放一些花草、盘景或大紫砂、瓷瓶，根据不同茶馆的特点可采取不同的创意。

图4-131 U形吧台

图4-132 直线吧台

（7）酒吧。酒吧门厅是客人第一印象的重要空间视角，其设计要温暖、热烈，具有深情接待的氛围，同时要美观、高雅，不宜过于复杂。吧台设计有U形吧台、直线吧台、环形吧台三种形式（图4-131、图4-132）。

2.餐饮空间界面设计

（1）顶面设计。顶面装饰手法讲究均衡、对比、融合等设计原则，吊顶的艺术特点主要体现在色彩的变化、造型的形式、材料的质地、图案的安排等。注意遮掩梁柱、管线，具有隔热、隔音等作用，力求简洁、完整并和整体空间环境协调统一。浅色的顶棚会使人感到开阔、高远，深而鲜艳的颜色会降低其高度。

（2）立面设计。立面设计包括墙面、隔断、屏风、梁柱等。墙面设计要注意隔音、防水、保暖、防潮等，材料可以使用不锈钢、铝合金等，这些材料不易腐蚀，表面光滑、平整，装饰感强。另外，也可以使用玻璃，利用玻璃的透明、折射的特性，与自然光及各种灯光巧妙结合，营造出梦幻迷离的艺术效果。梁柱设计是室内空间虚拟的限定因素。梁的装饰可以作为天棚设计的一部分来进行设计，柱包括柱脚、柱身、柱头等结构，利用其独特的造型，设计时可起到画龙点睛的作用。

（3）地面设计。地面划分形式要注意大小、方向，由于视觉心理作用，地面分块大时，室内空间显小，反之室内空间显大。在设计地面图案时要注意：强调图案本身的独立性、完整性；强调图案的连续性、韵律感，具有一定的导向性；强调图案的抽象性，色彩、质地灵活选择。地面色彩设计，浅色的地面将增强室内空间的照度，而深色的地面会将大部分的光线吸收。暖色的地面给人带来安全感，冷色的色彩会给地面蒙上一层神秘庄重的面纱，中灰色无花纹的地面显得高雅、宁静，并能衬托出家具的个性，显示出家具造型的外形美。

（四）娱乐空间

娱乐空间有卡拉OK、舞厅、电影院、游乐场，俱乐部，温泉浴、保健按摩、浴足馆、桌球室等以舞厅和KTV包房为例，我们在娱乐空间中要注意功能分区、重点空间选定，并对面积、材料、隔音等有全面的理解和分析。

1.舞厅

（1）功能。歌舞部分、休闲部分、服务配套部分、办公部分，设计的重点是歌舞休闲部分。

（2）布局。舞厅按规模设计平面布局和划分功能区域，舞池通常占20%，座席占45%，其他占35%。舞厅平面布局的形式很多，主要有中心轴布置式、对角线布置式等。

（3）舞厅功能区及家具尺寸。

◎ 舞台：大多朝向舞池，并与舞池紧密相连，标高高于舞池。舞台分平式台、踏步台、伸缩式几种（图4-133），在灯光较暗的情况下不宜进行踏步式设计，应尽量使用无障碍设计，同时应配置地脚照明。

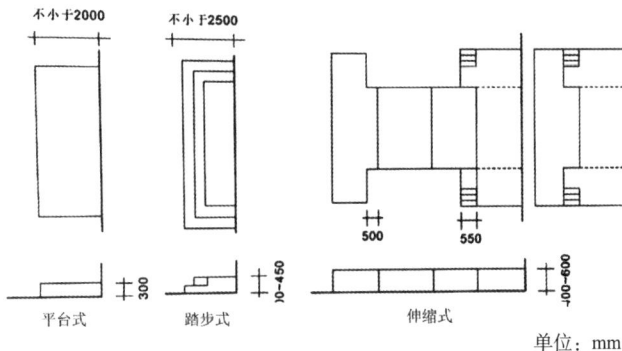

图4-133 舞台形式和尺寸

◎ 舞池：面积与座席的数成一定比例，每人需占舞池面积0.8m²。

◎ 休息座：分为散座、雅座等，包括酒吧区的吧台座，座席区与舞池的面积比例2：1，休息座每席约1.1~1.7m²，服务通道宽度不小于0.75m。

◎ 酒吧台：分为吧台、酒柜、吧凳三部分，主要参考尺寸为：吧台，高1060~1140mm、宽550~660mm；酒柜，高910~1060mm、宽300mm；吧凳，高700~800mm、宽330~450mm。

（4）舞厅照明。包括八爪鱼电脑灯、频闪灯、蜂窝灯、转灯、满天星、魔灯、四色转盘灯、走灯、紫色光管、射灯、雨灯，一般灯具悬挂高度为2.8~3.6m。

2.KTV包房

（1）面积。面积一般在15m²，小的也可达10m²左右，大的超过40m²（大小由娱乐人数和消费档次决定），较大的包房可选择性地设置小舞池。有些KTV包房内还设置卫生间。

（2）材料。设计上一般明亮或近人处使用较好的材料，而昏暗处则可酌情使用低档材料，而且由于娱乐空间的商业特性及其赶追潮流的行业特点，其空间环境往往随时尚的在变更而更新，一般不宜多用高档材料，而往往选择价格适中的材料，只是通过表面的处理来达到不同需要的视觉设计效果（图4-134）。

（3）房间隔声。材料的硬度越高，隔音效果越好。常见方法是轻钢龙骨隔墙，中间放入吸音棉，但隔音效果差；经济实用首选2/4红砖墙，两边水泥墙面；隔墙一定砌到顶，需走通风管道或其他的走线时再打孔穿过；使用隔音墙板，属专业隔音材料；两边是金属板材，中间是具有隔音作用的发泡塑料，越厚隔音效果越好。

图4-134 KTV包房设计的形式

六、设计后期与施工的衔接

室内设计是一个全程服务的行业，我们在设计好方案后，还要进行三大环节交底（设计意图、施工图说明、设计概算）和施工效果跟踪与协调。

（一）设计意图、施工图说明和设计概算

设计方案经审定后，立即进入编制设计意图、设计说明、项目实施进度表和造价预算阶段，用语言、图表、数据等对图形设计进行补充、完善，解决理性、技术、程序上的不明问题。设计概算要根据不同地区的材料和人工等物价变化而进行适当调整。

（二）施工效果跟踪与协调

设计方案、施工图等绘制完成后，选定具体实施的施工企业。施工前，设计方应向施工单位进行设计意图说明及图纸的技术交底。工程施工期间，按图核对施工

实况，现场体验构造、尺度、色彩、图案等问题，提出图纸的局部修改或补充（由设计单位出具修改通知书）。施工结束时，会同质检、建设单位进行工程验收，并交代有关日常维护的注意事项。

施工监理是项目施工过程中必不可少的。通常由专门监理单位承担工程监理的任务，对装饰施工进行全面的监督与管理，以确保设计意图的实施，使项目施工按期、保质、保量、高效协调地进行。作为设计方或设计师无论监理情况如何，都要做到尽量亲临现场，与施工方、监理方、建设方始终保持良好的沟通与协调。

室内设计的工程施工完成不等于室内设计项目结束，其效果好坏还要经过使用后的评价才能确定。要通过专门的验收、评定，才能找到优点与不足之处，才能更好地总结经验、改进设计、提高设计。另外，设计与施工的紧密交流和协调有利于设计的落地效果。

小结

室内空间设计是一项综合性的工作，它涉及的范围比较广，无论是给私人做项目还是投标竞标的项目，其必然经过五大环节，计划（Plan）—实施（Do）—检查（Check）—纠正（Action）—持续（Keep），简称PDCAK，并同时抓住5W1H思考法做设计工作，即：Who，为谁而设计；When，什么时候或年代的风格；Where，具体在什么地点来开展设计工程；Why，为什么业主会那样做选择；What，要做什么样的设计；How，怎样去做好这项设计任务。

在明确以上问题与思考后，就可以自然地进行PDCAK环节。把设计计划和构思方案定好，在方向确定基础上，开始进行设计图纸等的实施深化，在工作过程中，设计人员，特别是首席设计师或设计负责人，一定要认真把关，检查所做项目存在的问题，并经过论证、思考、讨论与判断，及时对设计方案与设计图纸等进行纠正，如果发现问题很严重，影响设计工作，就必须重新开始。在PDCAK都过关的前提下，持续进行设计项目，直至整个工作任务结束，一旦有了明朗的工作程序和思考模式，条理性的设计工作模式就会自然地形成了。

第五章
室内设计的现在与未来

一、设计的五大要求和四大阶段

（一）注重五大要求

1.注重空间功能设计要求

要求室内空间的装饰装修、家具陈设、景观绿化等各方面最大限度地满足功能需求并使其与功能性相协调统一，功能性是设计师在设计中首要考虑的问题。

2.注重经济性设计要求

经济性设计简单来说，就是用最低的能耗达到最佳的设计效果。设计作品时考虑最多的是减少能耗，物尽其用。例如，尽量利用当地气候和通风条件，减少空调能耗；和施工方共同探讨采光模式，减低照明能耗；在节能方面更多地考虑耐用性和可靠性，降低维护成本等。以期通过这些方案，让空间作品的生命力得以延长，并尽可能为环保做出贡献。

3.注重美观性设计要求

对美的追求是人的天性，但美的概念是随时空变化的。在商业空间设计中，一方面要突出商业空间设计的特点，另一方面要强调设计在文化和社会方面的使命及责任。实际是要把握好两者之间的平衡点。

4.注重个性化设计要求

不同时期的文化品位和地域特色是商业空间环境设计以及所有设计范畴永恒的主题。商业空间环境设计也应以此为目标，并要具有独特的个性风格，才可保持设计的永久性和持续性。

5.注重可持续发展要求

可持续发展是当今城市发展的主题。任何时期的经典设计和优秀的商业空间环境的塑造无一不遵循这一规律。创造一个符合现代城市发展理念的商业空间环境是人们所期望的。在商业空间环境设计中应反对急功近利的开发和建设，在可持续发展理念下进行设计，在注重经济性设计的同时，关注可持续发展。

（二）紧扣四大阶段

1.设计前期阶段

设计前期主要包括以下几个环节：接受任务书（业主委托设计或招标办领取）、与业主交流、了解投资情况、现场勘察、市场调研、收集整理与分析设计资料、编写可行性分析报告等内容。

2.方案设计阶段

通过设计前期对项目的深入研究，在将各种要求、条件及制约因素等分析和整理后，设计的定位已基本明确。下面开始进入室内空间设计的创作过程，将具体的内容和形式落实到具体的空间中。

（1）草图设计。草图设计是一种综合性的作业过程，也是把设计构思变成设计成果的第一步。

（2）方案设计。方案设计阶段，是草图的进一步具体化和准确化并深入设计的过程，要对筛选的设计草图进行设计深入和开发。

（3）意向图。通过一些与创意要求相似的参考图片，作为前期的方案书、说明方案构思成果并向委托方传达设计的概念及表现成果。

（4）设计模型。依照设计物的形状和结构，按照比例制成的样品，是对设计物造型的实态检验。

（5）设计方案。一般包括设计说明、目录、平面图、天花图、主要立面图、透视效果图、造价概算。方案设计图并不能完全作为施工的依据，其作用只是便于明确地表达出所设计的室内空间的初步设计方案。

3.施工图设计阶段

方案设计是表现阶段，施工图设计是对所设计内容的标准、规范阶段。再好的构思，冉美的表坝都不能脱离标准和规范。室内设计的施工图是室内设计实施阶段的技术性图纸。它要求以符合国家规范的方法绘制出室内设计各个部位的构造图纸。它也是设计师用技术的方法向施工者表达设计意图，规定制作方案的技术文件。施工图设计最主要的是局部详图的绘制。局部详图是平面图、立面图或剖面图任何一部分的放大，主要用来表达平面图、立面图和剖面图中无法充分表达的细节部分，包括节点图和大样图，一般用较大的比例尺寸绘制。

4.施工阶段

此阶段是实施设计的重要环节。为了将设计意图更好地贯彻于施工全过程，在施工前，设计师要做好设计交底工作，明确解释设计说明及图纸的技术要点；在实际施工阶段，要经常到现场指导施工及按照设计图纸进行审验，并根据现场实际情况进行设计的局部修改和补充，还要协调施工方选材；施工结束后，配合质检部门和投资方进行工程验收。

二、影响设计的关系要素（图5-1~图5-4）

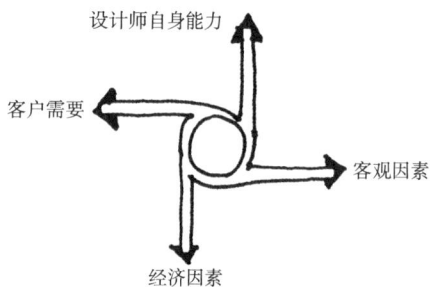

图5-1 设计师工作过程中的影响因素

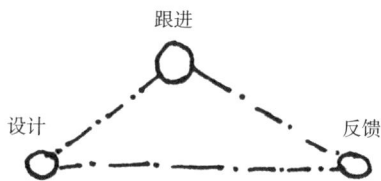

图5-2 设计跟踪过程

图5-3 环境舒适度影响人的心理感受

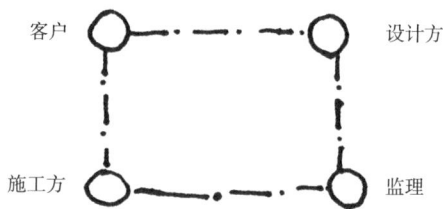

图5-4 项目各角色相连

三、室内设计服务的现状

在设计过程中，业主（甲方）比较喜欢提出自己的观点，甚至自己参与设计，很多时候，由于他们见过或喜欢另一室内空间环境的局部造型或色彩等，就硬要设计师按其意思去做，不然就以更换设计师来施压，作为服务行业，大多设计人员选择听取，这种现象在我国的设计行业普遍存在，最令设计方和施工方麻烦的事情是不少业主（甲方）在认可设计方案后，在

施工过程中凭自己的爱好和一时冲动，要求改动设计，甚至无条件更换材料，这样的行为对整个项目的设计和施工都十分不利，不仅由此耽误了工期、影响和浪费成本，还使施工难度增大。

国内室内设计起步较晚，加上人们对这一行业的认识不深，导致其与建筑设计、规划设计、景观设计等相比在市场上运作略混乱。室内装饰设计门槛较低，存在通过熟人或朋友关系直接以师傅带徒弟的形式上岗，或去社会培训机构进行简单的软件培训等就直接上岗从事装饰设计与施工工作。各类比赛、展览眼花缭乱，有的参赛者为了给本单位做宣传和提高宣传力度，乐意去通过这样的比赛渠道获得一些证书和荣誉，以此让消费者慕名而来。

为了商业上的利益，国内不少设计公司在国外注册公司，然后在国内招揽业务进行竞争，而且设计费收得比国内高很多倍，但设计跟国内同行大同小异，而消费者则成为最大损失者。也有一些人设计能力一般，但通过不断的商业包装，利用媒体、互联网、微博、微信、APP等来进行宣传，成为室内设计名师、明星等。以上这些现象为室内设计行业增加了不利因素。

室内设计在国内起步大约是在20世纪80年代初，算是新兴行业，但由于其与生活密切相关，加上人们的生活水平普遍提高，对生活也有了更高的品位要求。无论是大城市或者其他小型城镇，装饰设计工程公司都有很多，甚至有扩大的趋势，这也间接说明了室内装饰设计在各个地区都有很大的需求。室内设计由于与生活息息相关，更容易体现细节，细节决定成败，对室内设计师来说，一定程度上是对生活的不断思考和体现，这就需要设计师们不断成长、体会、总结，才能更好地为人们服务，做一个室内空间设计的优秀服务者。

四、关于未来室内设计师

（一）掌握基础设计软件与模型制作

无论一个设计师是经过了专业学校的学习，或是凭借个人兴趣爱好自学成才，都必须要掌握一些基本绘制和设计软件，不然就变成纸上谈兵。室内设计行业也有行业标准和规范，需要每位设计人员去认真对比参考，设计中有许多工具需要我们了解，以便更好地开展工作。例如，室内设计的计算机辅助软件AutoCAD 、3DMAX、Photoshop、Sketch up等，对于这些软件，笔者认为不一定要样样精通，但起码要对其有一定的认识，以满足正常工作应用的需要，毕竟，有计算机的辅助，设计人员在设计和改图时会更为快捷，进而提高工作效率。

（二）手绘

一个设计师有自己的设计语言才方便与他人交流，手绘便是最为便捷的表达方式，只要有笔和纸，设计人员可以直接通过快速的绘画描述其设计思想，把空间效果、施工工艺、做法等准确、及时地呈现出来，这时，在团队合作上就能节省不少宝贵时间，在谈

Tips

想画好手绘设计稿，需要平时多练习，还要掌握好素描、色彩、设计构成这些美术基础，很多东西先有构思再到笔上留住，最后才在计算机中进行三维模拟验证，这是对设计师的基本要求。

方案时也会收到很好的效果。手绘不是画画，它是设计信息快速表达的直接工具。由于手绘在日常设计工作中的重要性，现在不少设计公司在招聘设计师的时候要求应聘者有快速表现能力，并要现场面试测试，这也是比较普遍的现象了。

五、室内设计的总体趋势

（一）回归自然

回归自然，一直是都市人内心的一种渴求。如今，很多人已不满足于只是在家

里摆几盆花花草草，而是追求一种更浓郁更地道的自然风情。于是，仿真的假山、飞瀑及青石板或碎石等复古的装饰材料被陆续引进家庭装饰，甚至那些老式磨盘、水井，也开始被应用成为家里的装饰品。在回归自然风格中，藤制品+原木本色家具+本色后期配饰，造型简单淳朴，可营造出一番乡村怀旧风貌。"家"变成了缓解精神紧张的地方，原木的芳香、棉制品的柔软，用鹅卵石铺一条小道，用青藤悬吊一架木制秋千，在有着淡淡阳光的午后，品着香浓的咖啡，让心随天空的白云一起飘浮……这种田园式的环境，让人畅然、释怀，倍感随意和轻松。

（二）整体开放

现代人们装修不再是"物的堆积"，他们开始寻求室内各种物件之间统一、整体之美。寻求空间、形体、色彩以及虚实关系、功能组合关系造就的立体艺术。现代化的居住环境是一个多功能的。现代人没有几房几厅的概念，用餐区域、会客区域、公共区域等都是打通的。

（三）高度现代化

随着科学技术的发展，在室内设计中尽可能地采用现代化科技手段，使设计达到声、光、色、形的最佳匹配效果，实现高速度、高效率、高功能，创造出理想的、让人赞叹的空间环境。例如，磨砂玻璃+亚光小五金件+灰色调+直线构成，可以替代木制品，既减少了甲醛污染，又迎合了现代时尚。大量磨砂玻璃的使用既划分了功能空间又不减少通透性，与磨砂玻璃效果相伴而生的配饰是亚光小五金；灰色调能衬托主人五彩缤纷的小饰品，并使其成为居室中跳跃的亮点，减缓过于冷静带来的"距离感"；直线为主的空间结构则是现代人生活节奏的最佳体现，当然，其中也不乏局部出现些曲线，增加些家的"柔情蜜意"。

（四）古今结合

古代工匠一榫一卯、严谨精确，他们创造了世界家具史上独具风骚的无钉榫卯体系，令后人拍案叫绝。古今结合风格采用现代流行装饰材料+中国古典元素，如磨砂玻璃+中国古典窗花，现代古典主义风格主要体现出现代人的现代生活中超前意识与怀古主义的复杂感受。现代派常用点、线、面的结合，以黑、白、灰为主色调，不锈钢饰面为装饰手段，用直线交叉与层叠来营造出一个现代的空间。在局部装饰与色彩上穿插使用中式古典元素，如几、条、案、椅、窗花，或用藏青、赭红等颜色的饰物。

（五）绿色设计

现在所用绝大部分室内装饰材料，如涂料、油漆之类都在不同程度地散发着污染环境的有害物质，必须采用新技术使其达到洁净的"绿色"要求。可以在室内外空间大量运用绿色手段，如用绿色植物创造人工生态环境。环境意识已成为室内设计的主导意识。任何一项没有环境意识的艺术与设计，都只能是失败的设计，没有环境整体意识的艺术家和设计师在未来只能充当破坏者的角色。

（六）个性

"万物皆为我用，万物皆为我生"。这种完全个人主义风格多为单身或艺术家所偏爱。它是体现一个完全自我主义的空间，存在于繁杂的生活环境以外的个人情感。大工业化生产给社会留下了千篇一律的相同楼房、相同房间、相同的室内设备，为了打破同一化，人们追求个性化。以斜面、斜线或曲线装饰，打破水平线垂直线，求得变化。还可以用色彩、图画、图案，利用玻璃镜面的反射来扩展空间。采用完全钢架，也可采用完全土木，或者是钢木结构；可万紫千红，也可黯然失色等。这些手法打破千人一面的冷漠感，完全体现出一种自我情感与人为艺术的结合，这是时代赋予艺术、艺术充裕生活而来的一种生活方式——个性。

六、室内设计的就业思考

（一）根据自身需要选择设计单位

知名大型设计公司。这类公司一般对专业特长要求比较高，就职后在里面可以学习设计的管理模式、感受顶端设计公司的工作氛围，学习优秀技艺，为自己的设计思维等增加营养。但这类公司其规模较大、运作成熟，分工较细，每个人只负责设计项目的一部分。例如，负责做设计方案的，不用画施工图、不用跑材料市场等，因为公司有专业的绘图员、材料员、业务员等，对初学者来说，全面学习和掌握设计项目流程有一定的局限性。

中型设计公司。这类公司相对一个初学者或普通设计人员来说被较多选择，大家认为，通过自身的努力，会在设计工作的过程中总结和思考更多、更合适个人发展的空间与平台。这类公司失去了很多大型与小型设计公司的特点，需设计人员有积极的学习与工作的态度，否则会比较容易被淘汰。

小型设计公司，特别是刚起步的小单位。这类公司对设计人员要求相对低很多，公司的成长，其实也是设计人员的成长，有较多的实践机会，由于公司不大，一般设计人员身兼数职，如设计、绘图、采购、跟现场、预算、谈方案等，一个人基本完成整个流程，通常情况下，老板会放手让设计人员去做，并按项目的数量给出底薪加提成的工资待遇来激发设计人员的积极性，这种模式给了设计人员很多学习和锻炼的机会，但也暴露了不少问题。例如，由于小型装饰设计公司考虑到成本和其他因素，总体运作不成熟，在设计与制图的规范、制度、待遇等欠缺完善，优秀的设计师集中率较小，这样导致很难有机会与优秀的室内设计师同事进行交流学习、合作、竞争，在日常的工作中，由于项目都要个人独立完成，加上时间紧迫，很多时候都是以自己个人的方式和理解去思考和工作，不少设计工程工作问题隐藏其中很难被发现并纠正，正因为这个局限性较大，时间久了就会容易出现工作积极性消退。

（二）避免频繁换公司

有经验的老板或设计招聘主管会对应聘的人员有条件限制，一般要求有连续在工作单位2~3年以上工作经验，并有从设计到完成项目的完整作品图。从项目的初步设计方案到最后完工，是一个很漫长的过程，快则一年，慢则两三年，如果在设计公司做了不到一年就辞职，很可能只做了设计而来不及跟进设计工程，其设计做得好与坏无法论证，重要的施工过程能反映出设计存在的问题，保证设计的可行性与效果，不了解这些就谈不上提升，只会停留在原来的设计水平，乍一看好像几年时间做了很多项目，但并没有好好地从头到尾跟进，这样的情况，就会出现纸上谈兵的现象。

　　另外，参与设计的主次位置和积极的工作态度也很重要。一个在设计公司只是为了生活的基本工资而不积极工作、懒散打发时间的设计人员，即使在设计公司工作十年，其水平和能力也比不上那些只在公司拼命学习和工作一两年的年轻人。因此，工作经验不一定用时间来衡量，而是用一整套已完成的设计工程项目质量和时间的综合来考量，即：

　　设计能力衡量=完整完成项目数量+工作时间+作品数量与质量+设计专业能力水平+综合素质

第六章
设计综合应用素材

一、室内设计中家具设计的基本尺寸（表6-1、表6-2）

表6-1　室内家具基本尺寸

单位：cm

家具名称	长度	宽度（深度）	高度
电视柜	实际而定	45～60	60～70
单人床	180、186、200、210	90、105、180	45～60
双人床	180、186、200、210	135、150、180	45～60
圆床	直径：186、212.5、242.4		45～60
衣橱	实际而定	60～65	190～240
衣柜推拉门	70	40～65	190～240
室内门	—	80～95	190、200、210、220
洗手间、厨房门	—	80、90	190、200、210
窗帘盒	实际而定	16～18	12～18
单人沙发	80～90	85～90	坐垫35～42，背高70～90
双人沙发	126～150	80～90	坐垫35～42，背高70～90
三人沙发	175～196	80～90	坐垫35～42，背高70～90
四人沙发	232～252	80～90	坐垫35～42，背高70～90
茶几（小长方形）	60～75	45～60	38～42
茶几（中长方形）	120～135	38～50或60～70	38～42
茶几（大长方形）	150～180	60～80	33～42（33最佳）
茶几（圆形）	75、90、105、120	—	33～42

续表

家具名称	长度	宽度（深度）	高度
茶几（方形）	90、105、120、135、150	—	33～42
书桌（固定式）	实际而定	45～70（60最佳）	75（离地58）
书桌（活动式）	实际而定	65～80	75～78
餐桌	150、165、180、210、240	120、90、75	75～78（中式） 68～72（西式）
长餐桌	实际而定	80、90、105、120	75～79
圆桌	直径：90、120、135、150、180	—	75～79
书架	60～120	每一格25～40，下大上小，下方深度35～45	80～90
活动未及顶高柜	内角材排距45～60	45，木隔间墙厚6～10	180～200
酒吧台	实际而定	500	900～1050

表6-2　室内设计常用尺寸

单位：cm

名称	高度/宽度	规格
踢脚板	高度：80～200	—
墙裙	高度：800～1500	
挂镜线高	高度：1600～1800（画中心距地面）	—
圆餐桌	转盘直径：700～800	直径：二人500，三人800，四人900，五人1100，六人1100～1250，八人1300，十人1500，十二人1800
方形餐桌	餐桌间距：大于500	二人700×850，四人1350×850，八人2250×850

名称	高度/宽度	规格
主要通道	宽度：1200～1300	—
内部工作道	宽度：600～900	—

二、材料在室内装修设计施工中的部分应用案例

室内装饰设计施工中材料与工艺的应用是落地实施的关键（图6-1~图6-3）。

夹板做造型

喷涂木漆后效果样板

吊柜烤漆后效果

衣柜贴饰面板后刷清漆

波浪板在天花上的应用

电视背景贴茶色玻璃

图6-1 饰面类装饰设计施工应用

批灰	贴壁纸前做好墙身处理	轻钢龙骨天花
墙身扫乳胶漆	铝扣板天花	夹板作底

图6-2 界面类装饰设计施工应用一

中纤板做天花图案造型	木花格喷漆做造型	黑镜天花装饰条
生态木（木塑）	软包装饰造型	地面抛光砖铺贴

图6-3 界面类装饰设计施工应用二

三、室内设计常用材料认识

作为一名设计人员，对室内设计常用材料的认识是把设计方案应用于实际的重要一步，不然，构想就变成一直的构想了，将材料用于室内装饰，设计才具有了实质性的意义，因此对建筑装饰材料的了解和认识很重要（图6-4）。

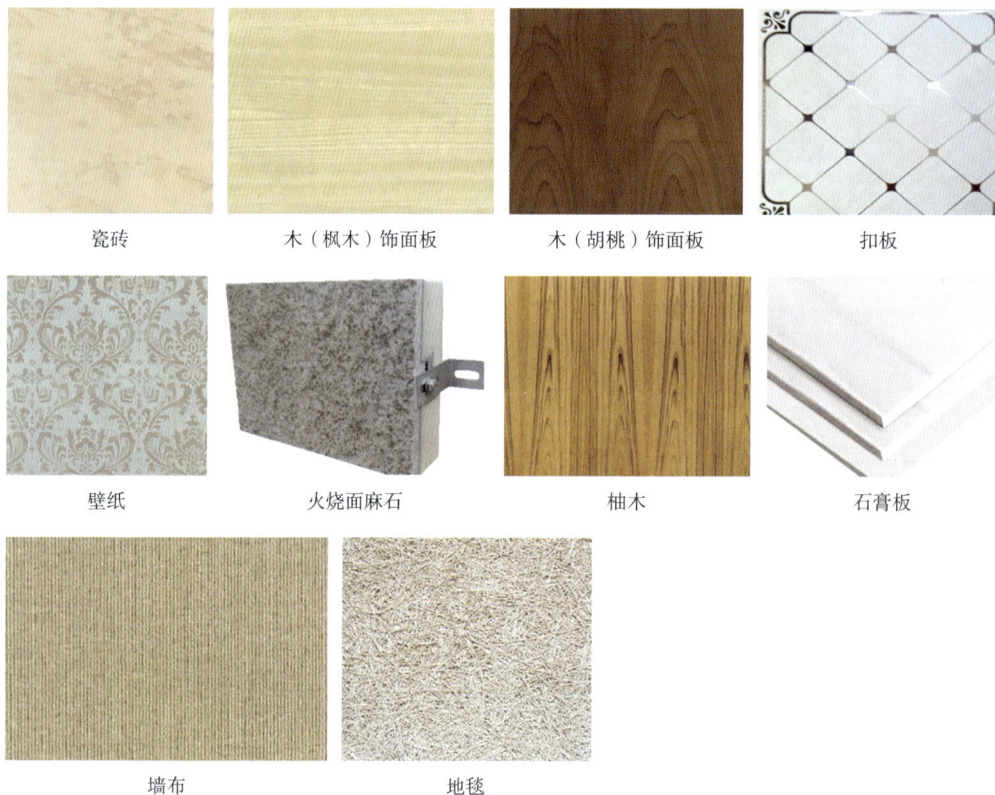

瓷砖	木（枫木）饰面板	木（胡桃）饰面板	扣板
壁纸	火烧面麻石	柚木	石膏板
墙布	地毯		

图6-4 建筑装饰材料

材料选择受到类型、价格、产地、厂商、质量等要素的制约，并受流行时尚的困扰。对于设计方来说，材料是进行室内装饰最基本的要素，材料应该依据设计概念的界定进行选择，并不一定使用流行的或最昂贵的。材料的色彩、图案、质地是选材的重点。一定注意：室内设计注重实地选材，不迷信材料样板；注意天然材料在色彩与纹样上有差异，天然石材受矿源的影响，同一种材料在色彩与纹样上有着小的差别；注重收集室内装饰实样版面，窗帘、地毯等纺织面料，墙地面砖及石材等，均用实样，家具、灯具、设备等可用实物照片；有时也要根据材料供货情况对原有设计进行适当调整与深化。

（一）界面装修材料

◎ 内墙装饰材料墙面涂料：墙面漆、有机涂料、无机涂料、有机 / 无机涂料。

◎ 墙纸：纸面纸基壁纸、纺织物壁纸、天然材料壁纸、塑料壁纸。

◎ 装饰板：木质装饰人造板、树脂浸渍纸高压装饰层积板、塑料装饰板、金属装饰板、矿物装饰板、陶瓷装饰壁画、穿孔装饰吸音板、植绒装饰吸音板。

◎ 墙布：玻璃纤维贴墙布、麻纤无纺墙布、化纤墙布。

◎ 石饰面板：天然大理石饰面板、天然花岗石饰面板、人造大理石饰面板、水磨石饰面板。

◎ 墙面砖：陶瓷釉面砖、陶瓷墙面砖、陶瓷锦砖、玻璃马赛克。

◎ 地面涂料：地板漆、水性地面涂料、乳液型地面涂料、溶剂型地面涂料。

◎ 地面装饰材料：木、竹地板实木条状地板、实木拼花地板、实木复合地板、人造地板、复合强化地板、薄木敷贴地板、立木拼花地板、集成地板、竹质条状地板、竹质拼花地板。

◎ 聚合物地坪：聚醋酸乙烯地坪、环氧地坪、聚酯地坪、聚氨酯地坪。

◎ 地面砖：水泥花阶砖、水磨石预制地砖、陶瓷地面砖、马赛克地砖、现浇水磨石地面。

◎ 塑料地板：印花压花塑料地板、碎粒花纹地板、发泡塑料地板、塑料地面卷材。

◎ 地毯：纯毛地毯、混纺地毯、合成纤维地毯、塑料地毯、植物纤维地毯。

◎ 吊顶装饰材料：塑料吊顶板、钙塑装饰吊顶板、PS装饰板、玻璃钢吊顶板、有机玻璃板。

◎ 木质装饰板：木丝板、软质穿孔吸声纤维板、硬质穿孔吸声纤维板。

◎ 矿物吸声板：珍珠岩吸声板、矿棉吸声板、玻璃棉吸声板、石膏吸声板、石膏装饰板。

◎ 金属吊顶板：铝合金吊顶板、金属微穿孔吸声吊顶板、金属箔贴面吊顶板。

（二）常用饰面板类材料

◎ 饰面板：3~4mm厚，外贴装饰要刷清漆。

◎ 木工板：全名细木工板，装修主材之一，做家具（衣柜、门等）用。

◎ 纸面石膏板：分单纸面和双纸面石膏板，其材料造价便宜易加工，多用于吊顶、打隔断（假墙）。

◎ 背漆玻璃：普通或特殊玻璃喷漆后，用于造型装饰点缀。

◎ 波纹板：又称波浪板，立体感比较好，不用刷油漆，效果好，多用于造型装饰，如电视墙、床头背景墙、企业形象墙等。

◎ 墙纸：颜色、花纹、样式好，质感强烈，有很好的视觉效果，用途很广，起装饰作用。

◎ 铝扣板：是PVC扣板的替代品，色彩鲜艳，使用寿命长，主要用于厨房、卫生间、阳台的吊顶，防潮、防水、易清洁。

四、室内装修工程工序

建筑装饰施工的工序比较复杂，但其还是遵循施工的特点先后执行（图6-5）。

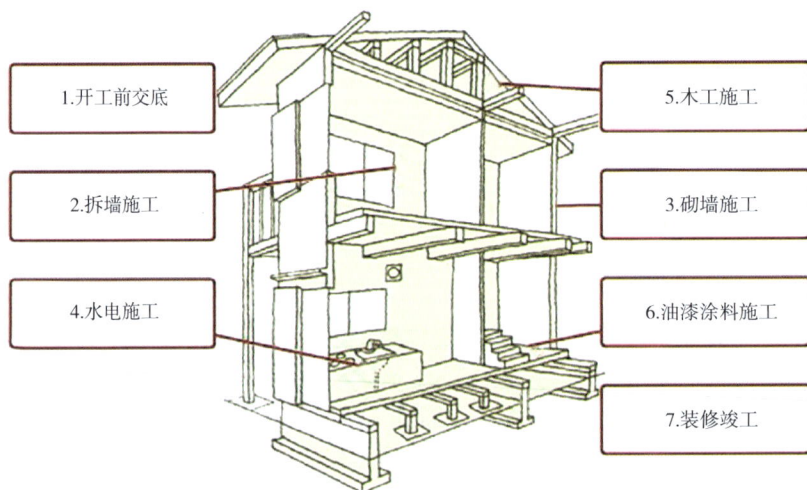

1.开工前交底
5.木工施工
2.拆墙施工
3.砌墙施工
4.水电施工
6.油漆涂料施工
7.装修竣工

图6-5 常见装饰施工基本工序

（一）装修施工阶段

1.土建阶段

（1）进场，拆墙，砌墙。

（2）凿线槽，水电改造并验收。

（3）封埋线槽隐蔽水电改造工程，做防水工程，卫生间、厨房地面做24小时闭水试验。

（4）卫生间、厨房贴墙地面瓷砖。

2.基层处理阶段

（1）木工进场，吊天花板，石膏角线。

（2）包门套、窗套，制作木柜框架。

（3）同步制作各种木门、造型门及平压门。

（4）夹板刷防尘漆（清油）。

（5）窗台大理石台面找平铺设。

（6）饰面板粘贴，线条制作并精细安装。

（7）墙面基层处理、打磨、找平。

（8）家具、门窗边接缝处粘贴不干胶（保护边）。

3.细部处理阶段

（1）墙面刷漆最少三遍。

（2）家具油漆进场，补钉眼、油漆。

（3）处理边角，铺设地砖、实木或复合木地板、防水大理石条、踢脚线。

（4）灯具、开关、插座、洁具、拉手、门锁安装调试。

（5）清理卫生，地砖补缝，撤场。

（6）装修公司内部初步验收。

（7）三方预约时间正式验收，交付业主。

（二）施工的一般流程及工种

1.办理入场手续

一般来说，办入场手续需要装修队负责人的身份证原件与复印件、业主身份证原件与复印件、装修公司营业执照复印件、装修公司建筑施工许可证复印件，还有装修押金，办理之前还需具体询问一下业主所在的房屋管理处。

2.敲墙

敲墙面积的计算可以根据房屋的平面图纸，上面有关于房屋所有详细的各种数据。记得在敲墙之前将要敲墙的面积量好，敲墙是按面积计价。

3.清理垃圾，之后泥水工进场

泥水工主要负责砌墙、批灰、零星修补、贴瓷砖、做防水、地面找平、装地漏。砌墙和批灰都要用到水泥砂浆，区别在于比例不同。砌墙、批灰是泥水工的前期工作，做完这两项，泥水工会自己先量好砌墙、批灰的实际面积，然后与业主复量。另外，一个房间内瓷砖最好由一个人来贴，如果由两个人来做的话，因其风格不一样有可能贴出来的效果会有差别。

4.泥水工砌墙之后、批灰之前，水电工同时进场进行水电改造

水电改造的主要工作有水电定位、打槽、埋管、穿线。

（1）水电改造的第一步是水电定位，也就是根据用户的需要定出全屋开关插座的位置和水路接口的位置，水电工要根据开关、插座、水龙头的位置按图把线路走向给用户讲清楚。

（2）水电定位之后，接下来就是打槽了。好的打槽师傅打出的槽基本是一条直线，而且槽边基本没有什么毛齿。注意，打槽之前务必让水电工将所有的水电走向在墙上标明，记得对照水电图，看是否一致。

（3）水路改造时，注意周围一定要整洁。水路改造订合同时，最好注明水路改造用的材料。另外水路改造中要注意原房间下水管的大小，外接下水管的管子最好和原下水管匹配。

（4）电路改造中，注意事先要想好全屋的灯具、电器装在什么地方，以便确定开关插座的位置，同时要注意新埋线和换线的价格是不一样的。门铃最好买无线门铃。

（5）最好在合同中注明务必等水电改造完成后木工进场，这样做的好处是：用户不用同时关注两样事情。水电改造是装修中一项很重要的工作，也是装修公司利润的大头，而且水电改造隐蔽性很大，如果木工同时进场施工，会分散你的注意力而不会全心关注水电改造。

5.水电改造完成，之后木工进场

（1）拿到设计师的图纸时，最好自己在签字前仔细地复核一下尺寸。

（2）木工应自带工具箱、工作台、空气压缩机等常用工具，特别是工作台一定不要让装修工人用用户买的木材定做。在装修前一定要跟装修公司或装修队工头讲清楚。

（3）木工进场前，板材先进场，仔细看一下进场的板子是否与合同相符，是否是正品。在南方有些地方，装修还要记得请白蚁公司上门防白蚁。

（4）和水电工一样，木工也是装修利润来源的大头，同时也是装修中甲醛来源的大头。要控制这一点，除了板子要符合国家环保规定外，用的木器漆也要选好的。

6.油漆工进场

油漆工进场要在泥水工完成批灰之后，墙面干透进场批腻子，也就是进度表中所说的油漆第一阶段，如果装石膏线，也在这个时候同时装，装石膏线是油漆工的工作。

装修刷漆如果是一遍底漆两遍面漆，那么必须用砂纸打磨墙面三次。第一次打磨是在批完腻子开始刷第一遍底漆前，务必用砂纸将批完腻子且已经干透的墙面打磨一遍；第二次打磨是在刷完底漆且干透刷第一遍面漆之前，这时用的砂纸最好是比第一遍打磨的砂纸标号高一些；第三遍是在刷完第一遍面漆且干透后刷第二遍面漆之前，这时务必用高标号的砂纸打磨墙面，只有这样才可以保证墙面的涂刷效果。否则的话，墙面涂刷完之后，十有八九会出现摸上去像面粉的那种手感。

油漆加水时要注意：每一种油漆的加水比例有一定限制，应严格按施工说明。

五、室内常用装饰材料计算

掌握室内设计在工程中的材料计算，便于设计人员在设计项目时节约成本，更科学合理地进行设计。

（一）地砖

规格（长×宽）：1000mm×1000mm、800mm×800mm、600mm×600mm、500mm×500mm、400mm×400mm、300mm×300mm、200mm×200mm、100mm×100mm。

粗略计算法：用砖数量=房间面积÷一块地砖的面积×1.1

精确计算法：用砖数量=（房间长度÷砖长）×（房间宽度÷砖宽）×1.1

（二）实木地板

常用规格（长×宽）：900mm×90mm、750mm×90mm、600mm×90mm

粗略计算法：使用地板块数=房间面积÷一块地板的面积×1.08

精确计算法：使用地板块数=（房间长度÷地板长度）×（房间宽度÷地板宽度）×1.08

注：实木地板在铺装中通常有8%的损耗。

（三）复合地板

常见规格：1.2m×0.19m

粗略计算法：地板块数=房间面积÷一块地板面积×1.05

精确计算法：地板块数=（房间长度÷地板长度）×（房间宽度÷地板宽度）×1.05

注：通常有3%~5%的损耗，按面积算。

（四）涂料

规格：5L、15L

家装常用：5L，5L涂料刷面积为35m^2（涂2面）

计算方法：墙面面积=(长+宽)×2×层高

顶面面积=长×宽、地面面积=长×宽

总使用桶数=（墙面面积+顶面面积+地面面积）÷35m^2

注：以上只是理论涂刷量，因在施工中要加入适量清水，所以以上用量仅指最低涂刷量。

（五）墙纸

常见规格：每卷长10m、宽0.53m

粗略计算方法：墙纸总面积=地面面积×3，墙纸的卷数=墙纸的总面积÷（0.53m×10m）

精确计算方法：使用的分量数=墙纸总长度÷房间实际高度

使用单位的总量数=房间的周长÷墙纸的宽度

使用墙纸的卷数=使用单位的总量数÷使用单位的分量数

因为墙纸规格固定，因此在计算其用量时，要注意墙纸的实际使用长度，通常要用房间的实际高度减去踢脚板以及顶线的高度。

另外，房间门、窗的面积也要在使用的分量中减去。这种计算方法适用于素色或细碎花的墙纸。墙纸的拼贴要考虑对花，图案越大，损耗越大，因此要比实际用量多买10%左右。

（六）窗帘

计算方法：（窗帘宽+0.15×2）×2=成品帘宽度

窗帘所需布料=成品帘宽度÷布宽×帘高

举例：以布宽1.50m为例，需购窗帘布：3.70m÷1.50m×2.75m=6.78m，假设窗户规格宽1.55m、高1.90m，其精确计算方法如下：

成品帘宽度=（1.55m+0.15m×2）×2=3.70m

窗帘高度=0.15m+1.90m+0.50m+0.20m（缅边）=2.75m

1.平开帘

平开帘要盖住窗框左右各0.15m且打2倍褶。窗帘离地面0.1~0.2m。

计算方法：（窗宽+0.15×2）×2=成品帘宽度

成品帘宽度÷布宽×窗帘高=窗帘所需布料

举例：窗宽2.5m，高1.6m，布料宽1.5m

用料米数为：（2.5m+0.15m×2）×2=5.6m

5.6m÷1.50m×1.6m=6m

帘头计算方法：帘头宽×3倍褶÷布宽=幅数

幅数×（帘头高度+免边）=所需布数米数

举例：窗帘帘头宽2.5m，高0.48m

用料米数为：2.5m×3÷1.5m=5，即5幅布

5×（0.48m+0.2m）=3.4m

2.罗马帘

罗马帘分为内罗马帘和外罗马帘。外罗马帘盖住窗外框即可，内罗马帘测量一定要准确，测量上中下三道尺寸。

以外罗马帘为例：单个罗马帘宽度都在1.5m以内，因此在计算时只需考虑长

度，用1幅布料即可。

罗马帘计算方法：1幅×（窗高+免边）=所需布料米数

举例：布宽1.5m成品帘规格：宽1.2m，高1.5m

计算方法：1幅×（1.5m+0.2m）= 1.70m

里布计算方法：帘高+0.04m（每个褶用布量）×褶数 = 里布所需布料米数

由于罗马帘要在里布上穿铝条，里布的长要加上打褶所需布料。

即长：1.5m（帘高）+0.04m（每个褶布用量）×4个褶 = 1.66m

六、室内装饰设计工程中的人体工学常识

（一）厨房

（1）吊柜和操作台之间的距离建议60cm。从操作台到吊柜底部，应该确保这个距离。这样，在方便烹饪的同时，还可以在吊柜里放一些小型家用电器。

（2）在厨房两面相对的墙边都摆放各种家具和电器的情况下，中间应该留120cm的距离才不会影响在厨房里做家务。为了能方便打开两边家具的柜门，就一定要保证至少留出这样的距离。150cm可以保证在两边柜门都打开的情况下，中间再站一个人。

（3）要想舒服地坐在早餐桌的周围，凳子的合适高度应该是80cm。

对于一张高110cm的吧台桌来说，80cm是摆在它周围凳子的理想高度。因为在桌面和凳子之间还需要30cm的空间来容下双腿。

（4）吊柜应该装在145~150cm高的地方。

（二）餐厅

（1）可供6人使用的餐桌：120cm是对圆形餐桌的直径要求；140cm×70cm是对长方形和椭圆形桌制的尺寸要求。

（2）餐桌离墙80cm。这个距离是包括把椅子拉出来，以及能使就餐的人方便活动的最小距离。

（3）桌子的标准高度应是72cm。这是桌子的中等高度，而椅子通常高度为45cm。

（4）一张供6人使用的桌子摆在起居室里要占300cm×300cm的空间。需要为直径120cm的桌子留出空地，同时还要为在桌子四周就餐的人留出活动空间。这个方案适合于大客厅，面积至少达到600cm×350cm。

（5）吊灯和桌面之间最合适的距离是70cm。这是能使桌面得到完整、均匀照射的理想距离。

（三）卫生间

（1）卫生间里的用具占地方：马桶所占的一般面积为37cm×60cm；悬挂式或圆柱式盥洗池可能占用的面积为70cm×60cm；正方形淋浴间占用的面积为80cm×80cm，浴缸占用的面积为160cm×70cm。

（2）浴缸与对面的墙之间的距离为100cm。即使浴室很窄，也要在安装浴缸时留出走动的空间。

（3）两个洗手洁具之间应该预留20cm。这个距离也适用马桶和盥洗池之间，或者洁具和墙壁之间。

（4）相对摆放的澡盆和马桶之间应该保持60cm远。这是能从中间通过的最小距离。所以，一个能相向摆放澡盆和马桶的洗手间应该至少有180cm宽。

（5）要想在里侧墙边安装一个浴缸，洗手间至少应该有180cm宽。这个距离对于传统浴缸来说非常合适。如果浴室比较窄，就要考虑安装小型的带座位的浴缸。

（6）镜子一般装135cm高。这个高度可以使镜子正对着人的脸。

（四）卧室

（1）双人主卧室的标准面积为12m²。一般卧室不能比这个再小了。因为房间里除了床以外，还需要放一个双开门的衣柜（120cm×60cm）和两个床头柜。如果把床斜放，要留出360cm×360cm。这是适合于较大卧室的摆放方法，可以根据床头后面墙角空地的大小再摆放一个储物柜。

（2）衣柜应该有240cm高。这个尺寸考虑到了在衣柜里能放下长一些的衣物

（160cm），并在上部留出了放换季衣物的空间（80cm）。

（3）要想容下双人床、两个床头柜的话，床头背景墙身宽度应大于300cm。这个尺寸的墙面可以放下一张180cm宽的双人床和侧面两个宽度为60cm的床头柜。计算方式：180cm+60cm×2=300cm。

（五）客厅

（1）长沙发与摆在它面前的茶几之间的距离约为30cm。两者之间的理想距离应该是能允许一个人通过的同时又便于使用，也就是说不用站起来就可以方便地拿到桌上的物品。

（2）一个可以摆放电视机的大型组合柜的最小尺寸为200cm×50cm×180cm。这种类型的家具一般都是由大小不同的方格组成，高处部分比较适合用来摆放书籍，柜体厚度至少保持30cm；而低处用于摆放电视的柜体厚度至少保持50cm。组合柜整体的高度和横宽还要考虑与墙壁的面积相协调。

（3）如果摆放可容纳三四个人的沙发，可选择140cm×70cm×45cm的茶几。在沙发的体积很大或是两个长沙发摆在一起的情况下，矮茶几就是很好的选择，高度最好和沙发坐垫的位置持平。

（4）在扶手沙发和电视机之间应该预留3m距离。这里所指的是在一个25英寸（1英寸=2.54cm）的电视机与扶手沙发或长沙发之间的最短距离。此外，摆放电视机的柜面高度应该在40~120cm，这样才能使人保持正确的观看坐姿。

（5）长沙发或是扶手沙发的一般靠背高85~90cm。

七、常用地板识别

（一）实木地板

特级：全用心材，纹理一致，色泽相近，无瑕疵。

A级：全用心材，纹理、色泽基本一致。

B级：略用边材。

实木地板一般选用材质密、硬的材料，如柚木、水曲柳、檀木、桃木。硬木地板耐磨、抗压、抗弯强度大，松木、杉木地板强度低、用得少。

（二）复合地板

多采用高密度、纤维木刨花板（档次较低）为基材，基层上有装饰层，装饰层上覆有特殊耐磨材料，底层是防潮树脂板，共四层。特点是具有不变形、耐撞击、耐磨、坚硬、防潮。

八、常用隔墙和吊顶

（一）隔墙

玻璃多与铝合金型材塑钢型材组成固定隔断、推拉隔断，以及石膏板、轻质砖、玻璃砖（价格高）木材、各种板材。常用于柜子、鱼缸、屏风。

（二）吊顶

石膏板，稳定性好、质轻、防潮、防火、易加工、强度好，是目前厨卫常用的吊顶材料，如铝扣板、PVC塑料扣板、铝塑板、夹板（容变形）、防火板。

九、室内设计的色彩构图

色彩在室内构图中常可以发挥特别作用：可以引起人对某物的注意，或使其重要性降低；可以使目的物变得最大或最小；可以强化室内空间形式，也可破坏其形式，如为了打破单调的六面体空间，采用超级平面美术方法，它可以不依天花、墙面、地面的界面区分和限定，自由地、任意地突出其抽象的彩色构图，模糊或破坏了空间原有的构图形式；可以通过反射来修饰！

由于室内物件的品种、材料、质地、形式和彼此在空间内层次的多样性和复杂性，室内色彩的统一性显然居于首位。一般可归纳为以下几类：

（一）背景色

例如，墙面、地面、天棚，它占有极大面积并起到衬托室内一切物件的作用。因此，背景色是室内色彩设计中首要考虑和选择的问题。

不同色彩在不同的空间背景上所处的位置，对房间的性质、对心理知觉和感情反应可以造成很大的不同，一种特殊的色相虽然完全适用于地面，但当它用于天棚上时，则可能产生完全不同的效果。现将不同色相用于天棚、墙面、地面的效果做粗浅分析。

红色 天棚：干扰，重；墙面：进犯的，向前的；地面：留意的，警觉的。

纯红除了当作强调色外，实际上是很少用的，用得过分会增加空间复杂性，应对其限制更为适合。

粉红色 天棚：精致的，愉悦舒适的，或过分甜蜜，决定于个人爱好；墙面：软弱，如不是灰调则太甜；地面：或许过于精致，较少采用。

褐色 天棚：沉闷压抑和重；墙面：如为木质是稳妥的；地面：稳定沉着的。

褐色在某些情况下，会唤起糟糕的联想，设计者需慎用。

橙色 天棚：发亮，兴奋；墙面：暖和与发亮的；地面：活跃，明快。

橙色比红色更柔和，具魅力，反射在皮肤上可以加强皮肤的色调。

黄色 天棚：发亮，兴奋；墙面：暖，如果彩度高引起不舒服；地面：上升、有趣的。

因黄的高度可见度，常用于有安全需要之处，黄比白更亮，常用于光线暗淡的空间。

绿色 天棚：保险的，但反射在皮肤上不美；墙面：冷、安静的、可靠的，如果是眩光引起不舒服；地面：自然的，柔软、轻松、冷。绿色与蓝绿色系，为沉思和要求高度集中注意的工作提供了一个良好的环境。

蓝色 天棚：如天空，冷、重和沉闷；墙面：冷和远，促进加深空间；地面：引起容易运动的感觉，结实。

蓝色趋向于冷、荒凉和悲凉。如果用于大面积，淡淡蓝色由于受人眼晶体强力的折射，因此使环境中的目的物和细部受到变模糊的弯曲。

紫色 天棚：除了非主要的面积，很少用于室内，在大空间里，紫色扰乱眼睛的焦点，在心理上它表现为不安和抑制。

灰色 天棚：暗的；墙面：令人讨厌的中性色调；地面：中性的。

像所有中性色彩一样，灰色没有多少精神治疗作用。

白色 天棚：空虚的；墙面：空，枯燥无味，没有活力；地面：似告诉人们，禁止接触。

白色过去一直认为是理想的背景，然而缺乏考虑其在装饰项目中的主要性质和环境印象，并且在白色和高彩度装饰效果的对比，需要极端的从亮至暗的适应变化，会引起眼睛疲倦。此外，低彩度色彩与白色相对布置看来很乏味和平淡，白色对老年人和恢复中的病人都是一种悲惨的色彩。因此，从生理和心理的理由不用白色或灰色作为在大多数环境中的支配色彩，是有一定道理的。白色确实能容纳各种色彩，作为理想背景也是无可争辩的，但应结合具体环境和室内性质，扬长避短，巧于运用，以达到理想的效果。

黑色 天棚：空虚沉闷得难以忍受；墙面：不祥的，象地牢；地面；奇特的，难于理解的。

运用黑色要注意面积一般不宜太大，如某些天然的黑色花岗石、大理石，是一种稳重的高档材料，作为背景或局部地方的处理，如使用得当，能起到其他色彩无法代替的效果。

（二）装修色彩

例如，门、窗、通风孔、博古架、墙裙、壁柜等，它们常和背景色有紧密的联系。

（三）家具色彩

各类不同品类、规格、形式、材料的家具，如橱柜、梳妆台、床、桌、椅、沙发等，它们是室内陈设的主休，是表现室内风格、个性的重要因素，它们和背景色有着密切关系，常成为控制室内总体效果的主体色彩呈现。

（四）织物色彩

包括窗帘、帷幔、床罩、台布、地毯、沙发、座椅等蒙面织物。室内织物的材料、质感、色彩、图案多种多样，和人的关系极为密切，在室内色彩中起着举足轻重的作用，若不注意可能成为干扰因素。织物也可用于背景，也可用于重点装饰。

（五）陈设色彩

灯具、电视机、电冰箱、日用器皿、工艺品、绘画雕塑，它们体积虽小，却可起到画龙点睛的作用，不可忽视。在室内色彩中，常作为重点色彩或点缀色彩。

（六）绿化色彩

盆景、花篮、吊篮、插花，不同花卉有不同的姿态色彩、情调和含义，和其他色彩容易协调，它对丰富空间环境、创造空间意境、加强生活气息、软化空间肌理，有特殊的作用。

十、色彩应用规律

（一）室内色彩运用

色彩既影响整个室内空间的环境形象，也影响人的生理、心理及身心健康。通过色彩感知产生的主观联想因人而异。在进行室内空间色彩设计时，应注重色彩客观要素，理性把握色彩感觉，从而营造良好的色彩效果。

不一样的色彩，人们对空间的感觉会不一样。青年人追求时尚个性，室内空间色彩使用大胆，不拘一格；老年人生活经历丰富，一般喜欢稳重的色系；儿童天真烂漫，一般喜欢纯度较高的色系。

（二）色彩的象征性

色彩的象征性与人的心理活动有关。人与人之间有不同的阅历和生活环境，心理活动也会相应有差异。即使是同一个人，在不同的心境下，对客观事物也会做出不同的反应。所以，色彩的象征性没有严格的对应性，只有一个大致范畴。

当色彩明亮、彩度稍有改变，其象征性联想就会非常不同。例如，黄色，提高明度能给人稚嫩感，可一旦彩度降低变为枯黄，马上就会和苍老、腐败、病态等联系起来；紫色，提高明度变为粉紫，有一种明快轻盈的感觉，反而没有了神秘感而变得亲切；各种非黑白混成的灰色由于蕴涵着三色成分，不同于黑白混成的灰的冷漠，变得很有亲和力。

（三）色调变化产生的影响

在室内环境中，通过色彩的色相、纯度、明度的组合变化，产生对一种色彩结构的整体印象，这便是色调。

暖色调，如红、黄、橙、赭石、咖啡、紫红等，具有热烈、明朗、兴奋、奔放等特点，给人温暖的感觉，尤其适用于冬天（图6-6）。

冷色调，如蓝、绿、紫等，具有安静、稳重、明快等特征，给整个房间带来清新、凉爽之感（图6-7）。

图6-6 暖色调的空间效果

图6-7 冷色调的空间效果

（四）色彩的物理效应

1.温度感

在色彩学中，把不同色相的色彩分为热色、冷色和温色，从红紫、红、橙、黄到黄绿色称为热色，以橙色最热。从青紫、青至青绿色称为冷色，以青色为最冷。紫色是红与青混合而成的，绿色是黄与青色混合而成的，因此为温色。在色相环中色彩的变化体现不同的变化（图6-8）。

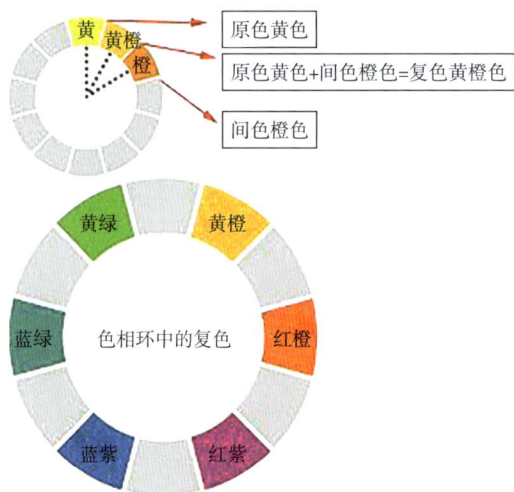

原色黄色

原色黄色+间色橙色=复色黄橙色

间色橙色

黄绿

黄橙

蓝绿

色相环中的复色

红橙

蓝紫

红紫

图6-8 色相环的色彩特点

2.距离感

色彩可以使人产生进退、凹凸、远近的不同感觉，一般暖色系和明度高的色彩给人以前进、凸出、接近的效果，而冷色系和明度较低的色彩则给人以后退、凹进、远离的效果。商业空间设计中常利用色彩的这些特点去改变空间的大小和高低感。

3.重量感

色彩的重量感主要取决于明度和纯度，明度和纯度高的物体显得轻，如桃红、浅黄；反之，则显得庄重。在室内设计的构图中常以此达到平衡和稳定的效果，满足表现性格的需求，如轻松、庄重等。

4.尺度感

色彩对表现物体大小的作用，包括色相和明度两个因素。暖色和明度高的色彩具有扩散作用，因此物体显得大，而冷色和暗色则具有内聚作用，因此物体显得小。不同的明度和冷暖色有时也通过对比作用显示出来，室内不同家具、物体的大小和整个室内空间的色彩处理有密切的关系，可以利用色彩来改变物体的尺度、体积和空间感，使室内各部分之间关系更为协调。

（五）色彩的基本原则和作用

1.统一性

在空间、展品、装饰、照明等方面，都应在总体色彩基调上统一考虑，应与使用环境的功能要求、气氛和意境要求相适合，与样式风格相协调，形成系统、统一的主题色调。

2.突出主题

色彩设计应考虑以怎样的色调来创造整体效果，利用色彩的变化（图6-9），构成浓烈的空间气氛，突出主题。

3.注重光对色的影响

不同的光源会对色彩产生不同的影响，应合理考虑色彩与照明的关系。光源和照明方式的不同会带来色彩的变化，加以灵活运用，可营造出神秘、新奇的气氛。

图6-9 色彩的变化关系

（六）空间色彩搭配原则

（1）空间应有统一的色彩基调，以增强整体感。

（2）色彩搭配时必须以突出商品为前提，恰当的色彩对比会使产品更加突出。

（3）一般来说，一个空间中的空间配色不应超过三种，其中白色、黑色不算色。

（4）大面积色彩不宜色度过高、色相过多，色彩明度差异过大会使人感到视觉疲劳。

（5）对重点物品，要利用各种色彩对比的方式突出表现。

（6）金色、银色可以与任何颜色相配。金色不包括黄色，银色不包括灰白色。

（7）最佳配色深度是：墙浅，地中，陈设深。

（8）空间尽量使用素色的设计，以免影响物品在空间中的主导地位。

（9）天花板的颜色应浅于墙面或与墙面同色。当墙面的颜色为深色时，天花板应采用浅色。天花板的色系只能是白色或与墙面同色系。

（10）不同的封闭空间可以使用不同的配色方案，不同的色彩可以有不同的语言情绪（图6-10）。

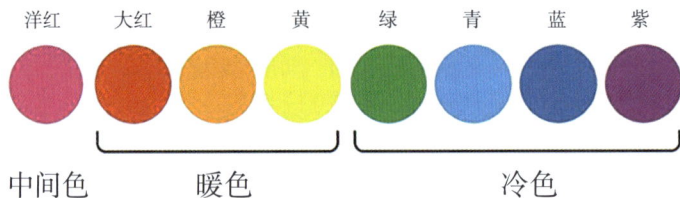

在选择色相前，先决定选择冷色还是暖色：

| 洋红 | 大红 | 橙 | 黄 | 绿 | 青 | 蓝 | 紫 |

中间色　　　暖色　　　　　　　　冷色

暖色给人的感觉：
· 温暖、力量、活泼
· 积极、愉快、温馨
· 食品、运动、节日

冷色给人的感觉：
· 凉爽、冷静、理智
· 坚定、沉稳、可靠
· 医药、办公、科技

图6-10 暖色与冷色的特点

十一、室内设计中常用的室内植物

室内空间中的绿色植物不仅可以起到装饰效果，还有净化空气、增添空间的生机等作用（图6-11）。

（一）吊兰

吊兰能吸收空气中95%的一氧化碳和85%的甲醛。吊兰可在微弱的光线下进行光合作用，吸收空气中的有毒、有害气体。在8~10m²的房间一盆吊兰就相当于一

常春藤　　　　　　白掌　　　　　　富贵竹　　　　　　芦荟

文竹　　　　　　银皇后　　　　　　棕竹　　　　　　铁线蕨

图6-11 室内常用植物

个空气净化器。一般在房间内养1~2盆吊兰，能在24小时释放出氧气，同时吸收空气中的甲醛、苯乙烯、一氧化碳、二氧化碳等致癌物质。吊兰对某些有害物质的吸收力特别强，如空气中混合的一氧化碳和甲醛分别能达到95%和85%。吊兰还能分解苯，吸收香烟烟雾中的尼古丁等比较稳定的有害物质。所以，吊兰又被称为室内空气的绿色净化器。

（二）橡皮树

橡皮树是消除有害物质的多面手。对空气中的一氧化碳、二氧化碳、氟化氢等有害气体有一定抗性。橡皮树还能消除可吸入颗粒物污染，能起到有效的滞尘作用。

（三）仙人掌

仙人掌是减少电磁辐射的最佳植物，也具有很强的消炎灭菌作用。此外，仙人掌夜间可吸收二氧化碳、释放氧气。晚上居室内放有仙人掌，就可以补充氧气，利于睡眠。

（四）君子兰

一株成年的君子兰，一昼夜能吸收1L空气，释放80%的氧气，在极其微弱的光线下也能发生光合作用。在十几平方米的室内有两三盆君子兰就可以把室内的烟雾吸收掉。特别是北方寒冷的冬天，由于门窗紧闭，室内空气不流通，君子兰会起到很好的调节空气的作用，保持室内空气清新。

（五）文竹

文竹含有的植物芳香有抗菌成分，可以清除空气中的细菌和病毒，具有辅助保健功能。此外，文竹还有较高的药用价值，挖取它的肉质根，洗去上面的尘土污垢，晒干备用或新鲜即用。叶状枝随用随采，均有止咳润肺、凉血解毒之辅助功效。

（六）芦荟

盆栽芦荟有空气净化专家的美誉，一盆芦荟就等于九台生物空气清洁器，可吸收甲醛、二氧化碳、二氧化硫、一氧化碳等有害物质，尤其对甲醛吸收特别强，在4小时光照条件下，一盆芦荟可消除$1m^2$空气中90%的甲醛，还能杀灭空气中的有害微生物，并能吸附灰尘，对净化居室环境有很大作用。当室内有害空气过高时，芦荟的叶片就会出现斑点，这就是求援信号。只要在室内再增加几盆芦荟，室内空气质量又会趋于正常。

（七）鸭脚木

叶片可以从烟雾弥漫的空气中吸收尼古丁和其他有害物质，并通过光合作用将之转换为无害的植物自有的物质。另外，它每小时能把甲醛浓度降低大约9mg。

（八）滴水观音

滴水观音有清除空气中灰尘的功效。其茎内的白色汁液有毒，滴下的水也是有毒的，误碰或误食其汁液，会引起咽部和口部不适，胃里有灼痛感。特别注意防止幼儿误食。但滴水观音并不属于致癌植物。

（九）非洲茉莉

产生的挥发性油类具有显著的杀菌作用，可使人放松，利于睡眠，提高工作效率。

（十）白掌

抑制人体呼出的废气，如氨气和丙酮，同时它也可以过滤空气中的苯、三氯乙烯和甲醛。它的高蒸发速度可以防止鼻黏膜干燥，使患病的可能性降低。

（十一）银皇后

具有独特的空气净化能力。空气中污染物的浓度越高，它越能发挥其净化能力，因此非常适合用于通风条件不佳的阴暗房间。

（十二）铁线蕨

每小时能吸收大约20mg的甲醛，因此被认为是最有效的生物"净化器"。

每天与油漆、涂料打交道者，或者身边有喜好吸烟的人，应该在工作场所放至少一盆蕨类植物。另外，它还可以抑制电脑显示器和打印机中释放的二甲苯和甲苯。

（十三）龟背竹

夜间可吸收二氧化碳，改善空气质量。龟背竹净化空气的功能略微弱一些，它不像吊兰、芦荟是净化空气的多面手，但龟背竹对清除空气中的甲醛的效果比较明显。另外，龟背竹有晚间吸收二氧化碳的功效，对改善室内空气质量、提高含氧量有很大帮助，加上龟背竹一般植株较大，造型优雅，叶片又比较疏朗美观，所以是一种非常理想的室内植物。龟背竹的果实成熟后可以做菜，香味像凤梨或者香蕉。

（十四）常春藤

常春藤是目前吸收甲醛最有效的室内植物，每平方米的常春藤的叶片可以吸收甲醛1.48mg。而2盆成年的常春藤的叶片总面积大约0.78m^2。同时常春藤还可以吸收苯这种有毒、有害物质，24小时光照条件下可吸收室内90%的苯。根据推测，10m^2的房间，只需放上2~3盆常春藤就可以起到净化空气的作用。它还能吸附微粒灰尘。

（十五）棕竹

棕竹的功能类似龟背竹，同属于大叶观赏植物的棕竹能够吸收80%以上的多种有害气体，净化空气。同时，棕竹还能消除重金属污染并对二氧化硫污染有一定的抵抗作用。当然作为叶面硕大的观叶植物，它们最大的特点就是具有一般植物所不能企及的消化二氧化碳并制造氧气的功能。

（十六）富贵竹

富贵竹可以帮助不经常开窗通风的房间改善空气质量，具有消毒功能，尤其是卧室，富贵竹可以有效地吸收废气，使卧室的私密环境得到改善。

（十七）发财树

发财树四季常青，能通过光合作用吸收有毒气体并释放氧气，能比较有效地吸收一氧化碳和二氧化碳，对抵抗烟草燃烧产生的废气有一定作用。

（十八）绿萝

绿萝的生命力很强，吸收有害物质的能力也很强，可以帮助不经常开窗通风的房间改善空气质量。绿萝还能消除甲醛等有害物质，其功能不亚于常春藤、吊兰。

十二、室内设计风格总体特点

装饰源于生活，不同的民族、文化、习惯、思维等决定了装饰的多样性，这些特性总结起来就是风格。不少设计师为了方便日常工作需要，把室内设计风格分为总体式导向风格和具体式常用风格两类。以此更好地精准进行风格定位。

（一）总体式导向风格

1.中式风格：庄重优雅

一般都是指明清时期以来逐步形成的中国传统风格的装修。这种风格最能体现家居风范与传统文化的审美意蕴，因而长期以来一直深受人们的喜爱。中国传统的室内设计融合了庄重与优雅双重气质。现在的中式风格更多地利用了后现代手法，把传统的结构形式通过重新设计组合，以另一种民族特色的标志符号出现。例如，厅里摆一套明清式的红木家具，墙上挂一幅中国山水画等，传统的书房里自然少不了书柜、书案及文房四宝。

中式风格，典雅有书卷气，中国传统风格的装修，在总体上体现出一种气势恢宏、壮丽华贵、细腻大方的大家风范。建筑格局讲究空间、大进深。室内门廊等处喜欢用木质圆柱，柱式简洁圆浑，色泽艳丽。雕梁画栋、匾额楹联、屏风隔断、织帐竹帘，虚灵典雅。装饰材料以木质为主，讲究雕刻彩绘，造型古雅。家具陈设讲究对称，极重文脉意蕴，善用字画、卷轴、古玩、金石、山水盆景等加以点缀，渲染出满室书香，一堂雅气。天天置身于这样一个充满书卷气的环境中，观芝兰之风雅，赏竹菊之清幽，身心都得到艺术的陶冶。这是中国传统家居文化的独特魅力。中式装修的重点主要在天花板与门窗。中式装修因主用木料，工艺复杂造价相对较高。

2.日式风格：平静和美

也称和式风格。造型比较简洁明快，注重传统文化氛围的营造，根据地方气候、风土来安排居室风格。木质、竹质、纸质的天然绿色建材被应用于房间中，几件方正规矩的家具显出主人宁静致远的心态。日式家居装修中，散发着稻草香味的榻榻米，营造出朦胧氛围的半透明樟子纸，以及自然感的天井，贯穿在整个房间的设计布局中。而天然材质是日式装修中最具特点的部分。

（1）榻榻米。底层要用材质较厚重的防虫纸，中层铺上一层自然感强、手工编制的蔺草席，三层材料封布包边，标准厚度在55cm，尺寸根据房间大小定制。榻榻米不能直接放铺在地上，最好放在木质高度在10~15cm的平台上，主要可达到隔音、隔凉的效果，还可装修成井字形、田字形和对称形格局。

（2）半透明的樟子门。与榻榻米一样，推拉式木格樟子门也是构成日式家居的重要部分。樟子门因木框采用桐木，木格子中间以半透明的樟子纸取代玻璃，所以薄而轻。樟子纸也可用于窗户，特点是韧性十足，不易撕破，且具有防水、防潮功能。图案也很精美，常见的有竹子与千鹤图，在室外光的映衬下，焕发出典雅的朦胧美。樟子门也因美丽的樟子纸而得名。

（3）自然气息的吊顶。形式上主要有原木搭建的平顶与实木排列的斜顶。在日本，通常采用木装饰吊顶，体现出典雅华贵的特色。国内则多以饰面板为原材，可根据总体色调选择白橡木、榉木、砂比利等多种饰面。还可以采用一种颇有新意的饰材——竹度吊顶，营造出自然、古朴的风格。

3.欧式风格：豪华富丽

（1）巴洛克风格。于17世纪盛行于欧洲，强调线形流动的变化，色彩华丽。它在形式上以浪漫主义为基础，装修材料常用大理石、多彩的织物、精美的地毯、精致的法国壁挂，整个风格豪华、富丽。

（2）洛可可风格。用轻快纤细的曲线装饰，风格典雅、亲切，欧洲的皇宫贵族都偏爱这个风格。欧式风格浪漫，富于造型和变化，华丽、高贵又有情调，儒雅富丽，带有浓烈的欧式色彩。暖色壁纸搭配宽大的白色石膏线和造型壁炉，带有典型的西方风格。沙发和家具的造型和色彩紧随风格，窗帘样式和灯具的选择与整体风格搭配，使整个环境散发华美的大家风范。

4.田园式风格：明快简洁

田园风格的特点是具有自然山野风味。运用天然仿自然环境的小景观，塑造出居室空间的田野风味。让自然生态回到室内，增加幽静、宁静、舒适的田园生活气息，显示自然界的清静本色。地面用素色的簇绒地毯或色织提花地毯，窗帘、沙发、床罩等采用印花或提花面料，以写实的花卉、植物的叶子、芦苇、贝壳为题材，使室内显得活泼而富有生命力，这种风格目前较流行于年轻人当中，快节奏的工作使人们心理压力很大，大家都渴望亲近大自然。田园式风格一般多使用天然木材、砖石、草藤、棉布、麻料等原始材料。

5.现代式风格：简练抽象

现代式风格外形简洁、功能性强，装饰形式多种多样，可选用的装饰材料极为丰富。它强调室内空间形态的单一性、抽象性，运用几何要素式的家具组合和纯净色，各类具有艺术气氛的绘画、雕刻、灯具等使室内气氛清新宜人，让人感到简洁的时代感和纯净抽象的美，适合现代人的审美。

6.个性式风格：彰显自我

个性的体现是室内设计不可忽视的一个方面。因为不同的职业、年龄层次和经济状况，对装修的风格会有不同的要求。从事文化工作的人希望有内涵，工薪阶层的市民注重实用性，成功人士往往希望彰显品质，新婚夫妻追求温馨和美。

（二）常用的室内设计风格

1.欧式古典

在空间上追求连续性，追求变化和层次。室内外色彩鲜艳，光影变化丰富。室内多用带有图案的壁纸、地毯、窗帘、床罩、帐幔以及古典式装饰画或物件；为体现华丽的风格，家具、门、窗多漆成白色，外框的线条部位饰以金银线、金铝边。古典风格是一种追求华丽、高雅的欧洲古典主义，典雅中透着高贵，深沉里显露豪华，具有很强的文化感受和历史内涵。

2.地中海

地中海风格具有独特的美学特点。一般选择自然、柔和的色彩，在组合设计上注意空间搭配，充分利用每一寸空间，集装饰与应用于一体，在组合搭配上避免琐碎，显得大方、自然，散发出古老尊贵的田园气息和文化品位；其特有的罗马柱般的装饰线条简洁明快，流露出古老的文明气息。在色彩运用上，常选择柔和高雅的浅色调，映射出其田园风格的本意。地中海风格多用有着古老历史的拱形状玻璃，采用柔和的光线，加之原木的家具，用现代工艺呈现出别有情趣的乡土格调。

3.美式乡村

美式乡村风格非常重视生活的自然舒适性，充分显现出乡村的朴实韵味。布艺是美式乡村风格中非常重要的元素，本色的棉麻是主流，布艺的天然感与乡村风格能很好地协调；各种繁复的花卉植物、靓丽的异域风情和鲜活的鸟虫鱼图案很受欢迎，舒适且随意。摇椅、小碎花布、野花盆栽、小麦草、水果、磁盘、铁艺制品等都是乡村风格空间中常用的元素（图6-12）。

图6-12 美式乡村风格

4.现代简约

现代简约风格在处理空间方面一般强调室内空间宽敞、内外通透，在空间平面设计中追求不受承重墙限制的自由。墙面、地面、顶棚以及家具陈设乃至灯具器皿等均以简洁的造型、纯洁的质地、精细的工艺为其特征，并尽可能不用装饰和取消多余的东西，认为任何复杂的设计，没有实用价值的特殊部件及任何

装饰都会增加建筑造价，强调形式应更多地服
务于功能（图6-13）。

5.现代前卫

现代前卫在设计中尽量使用新型材料和工
艺做法，追求个性的室内空间形式和结构特
点。色彩运用大胆豪放，追求强烈的反差效
果，或浓重艳丽，或黑白对比。强调塑造奇特
的灯光效果。平面构图自由度大，常常采用夸

图6-13 现代简约风格

张、变形、断裂、折射、扭曲等手法，打破横平竖直的室内空间造型，运用抽象的
图案及波形曲线、曲面和直线、平面的组合，取得独特效果。陈设与安放造型奇特
的家具和设施，室内设备现代化，保证功能上使用舒适地基础上体现个性。

6.新古典

新古典是在传统美学的规范之下，运用现代的材质及工艺，去演绎传统文化中
的经典精髓，它不仅拥有典雅、端庄的气质，并具有明显的时代特征。新古典风
格是古典与现代的完美结合，它源于古典，但不是仿古，更不是复古，而是追求神
似。新古典设计讲求风格，用简化的手法、现代的材料和加工技术去追求传统样式
的大致轮廓特点；注重装饰效果，用室内陈设品来增强历史文脉特色。

7.新中式

新中式风格主要包括两方面的基本内容：一是
中国传统风格文化意义在当前时代背景下的演绎，二
是对中国当代文化充分理解基础上的当代设计。新中
式风格不是纯粹的元素堆砌，而是通过对传统文化的
认识，将现代元素和传统元素结合在一起，以现代人
的审美需求来打造富有传统韵味的事物，让传统艺术
在当今社会得到合适的体现。新中式设计将中式家具
原始功能进行演变，在形式基础上进行舒适变化。例
如，原先的画案书案如今用作餐桌，原先的双人榻用
作三人沙发，原先的条案用作电视柜，典型的药柜用
作存放小件衣物的柜子（图6-14）。这些变化都使传

图6-14 新中式风格

统家具的用途更具多样化和情趣。

8.雅致主义

雅致主义是带有极强文化品位的装饰风格，它打破了现代主义的造型形式和装饰手法，注重线型的搭配和颜色的协调，反对简单化；讲求模式化，注重文脉，追求人情味，在造型设计的构图理论中吸取其他艺术或自然科学概念，

图6-15　雅致主义风格

把传统的构件通过重新组合出现在新的情境之中，追求品位和和谐的色彩搭配，反对强烈的色彩反差和重金属味道，从风格上讲类似于后现代主义或新古典主义（图6-15）。

十三、建筑风格

在室内设计学习中，经常会涉及建筑风格的样式，其一直贯穿在室内外设计之中。

（一）古罗马式建筑

古罗马式建筑继承了古希腊建筑成就，是在建筑形制、技术和艺术方面广泛创新的一种建筑风格。古罗马建筑在公元1~3世纪为极盛时期，达到西方古代建筑的高峰。

古罗马世俗建筑的形制与功能结合得很好。例如，罗马斗兽场（图6-16），观众席呈半圆形，逐排升起，以纵过道为主、横过道为辅。观众按票号从不同的入口上楼梯，到达各区座位。人流不交叉，聚散方便。舞台高起，前有乐池，后面是化妆楼，化妆楼的立面便是舞台的背景，两端向前凸出，形成台口的雏形，已与现代大型演出性建筑物的基本形制相似。三大常用柱子包括多立克柱式、爱奥尼柱式、科林斯柱式（图6-17）。

图6-16 古罗马斗兽场

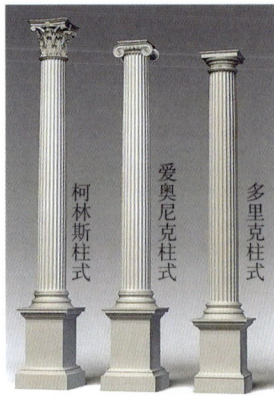

图6-17 三大常用柱子

（二）文艺复兴建筑

文艺复兴建筑是欧洲建筑史上继哥特式建筑之后出现的一种建筑风格。15世纪产生于意大利，在宗教和世俗建筑上重新采用古希腊和古罗马时期的柱式构图要素。当时学者认为这些古典柱式构图体现了和谐与理性，并同人体美有相通之处，这些正符合文艺复兴运动的人文主义观念。

（三）哥特式建筑

哥特式建筑11世纪下半叶起源于法国，13～15世纪流行于欧洲。主要见于天主教堂，也影响到世俗建筑。哥特式教堂的结构体系由石头的肋骨拱和飞扶壁组成。其基本单元是在一个正方形或矩形平面四角的柱子上做双圆心肋骨拱顶，四边和对角线上各一道，屋面石板架在拱上，形成拱顶。采用这种方式，可以在不同跨度上做出矢高相同的尖拱，拱顶重量轻，交线分明，减少了上方和下方的推力，简化了施工。

（四）洛可可式建筑

洛可可建筑风格，主要表现在室内装饰上。其特点是室内应用明快的色彩和纤巧的装饰，家具精致而偏于烦琐，不像巴洛克风格那样色彩强烈、装饰浓艳（图6-18）。洛可可装饰的特点是细腻柔媚，常常采用不对称手法，喜欢用弧线和S形线，尤其爱用贝壳、旋涡、山石作为装饰题材，卷草舒花，缠绵盘曲，连成一体。

天花和墙面有时以弧面相连，转角处布置壁画（图6-19）。

（五）折中主义建筑

折中主义建筑是19世纪上半叶至20世纪初，在欧美一些国家流行的一种建筑风格。折中主义建筑师模仿历史上各种建筑风格，自由组合各种建筑形式，他们不讲求固定的方式，只讲求比例均衡，注重纯形式美。

随着社会的发展，需要有丰富多样的建筑来满足各种不同的要求。19世纪，交通的便利，考古学的进展，出版事业的发达，加上摄影技术的发明，都有助于人们认识和掌握以往各个时代和各个地区的建筑遗产。于是出现了古希腊、古罗马、拜占庭、中世纪、文艺复兴和东方情调的建筑在许多城市中纷然杂陈的局面。

折中主义建筑在19世纪中叶以法国最为典型，其代表作巴黎歌剧院。而在19世纪末和20世纪初期，则以美国最为突出。总的来说，折中主义建筑思潮依然是保守的，没有按照当时不断出现的新建筑材料和新建筑技术去创造与之相适应的新建筑形式。

图6-18 洛可可风格家具

图6-19 洛可可元素与空间表现

参考文献

[1] 许亮，董万里. 室内环境设计[M]. 重庆：重庆大学出版社，2005.

[2] 陆震纬，来增祥. 室内设计原理：下册[M]. 2版. 北京：中国建筑工业出版社，2005.

[3] 罗远斌，李晓旭，张思思. 手绘效果图表现技法[M]. 成都：四川美术出版社，2020.

[4] 怀特. 林明毅建筑语汇[M]. 大连：大连理工大学出版社，2011.

[5] 范蓓. 办公空间设计[M]. 武汉：华中科技大学出版社，2015.

[6] 丰明高，张塔洪. 家居空间设计[M]. 长沙：湖南大学出版社，2009.

[7] 张绮曼，郑曙扬. 室内设计资料集[M]. 北京：中国建筑工业出版社，1991.

[8] 杨健. 室内空间徒手表现法[M]. 沈阳：辽宁科学技术出版社，2010.

[9] 彭彧，冯源. 室内设计新观点[M]. 北京：化学工业出版社，2014.

[10] 常怀生. 环境心理学与室内设计[M]. 北京：中国建筑工业出版社，2000.

[11] 阿恩海姆. 艺术与视知觉[M]. 滕守尧，译. 成都：四川人民出版社，2019.

[12] 深圳市金版文化有限公司. 精彩设计04：餐饮[M]. 长春：吉林美术出版社，2006.

[13] 郭承波. 中外室内设计简史[M]. 北京：机械工业出版社，2007.

[14] 毛兵，薛晓雯. 中国传统建筑空间修辞[M]. 北京：中国建筑工业出版社，2010.

[15] 闫铁娟. 办公空间设计[M]. 武汉：华中科技大学出版社，2016.

[16] 理查德. 商店及餐厅设计[M]. 李永君，刘君，译. 北京：中国轻工业出版社，2001.

[17] 徐长玉. 家居装饰设计[M]. 北京：机械工业出版社，2009.

[18] 丁玉兰. 人体工程学[M]. 3版. 北京：北京理工大学出版社，2005.

[19] 朱淳. 展示设计基础[M]. 邓雁，译. 上海：上海人民美术出版社，2006.

[20] 李远，唐茜，李雯雯. 商业空间设计[M]. 北京：中国轻工业出版社，2020.

[21] 李洁，刘安民，梁跃. 室内空间设计[M]. 西安：西安交通大学出版社，2014.

[22] 刘群，李娇，刘文佳. 办公空间设计[M]. 北京：中国轻工业出版社，2017.

[23] 刘星，汤留泉. 展示空间设计[M]. 北京：中国轻工业出版社，2017.

[24] 李文化. 室内照明设计[M]. 北京：中国水利水电出版社，2015.

[25] 李秀英，杜文超. 品·尚空间·客厅·书房实用设计解析[M]. 北京：机械工业出版社，2011.

[26] 程瑞香. 室内与家具设计人体工程学[M]. 2版. 北京：化学工业出版社，2016.

后记

当读者看完这本书之后，相信初学者会对室内设计这个专业有一个综合性的概念认识，当然，有经验的设计人员更有可能从中有新的启发性思考。室内设计专业是一门由多领域交融应用的综合学科，除了设计是首要解决的问题外，预算、合同、施工、管理等也是室内设计师要掌握的基本知识，在当代社会，只有具备这些条件，才能在竞争中具有发展的优势。

通过阅读，大家稍作思考，室内设计其实与我们日常生活密切相关，也是大家最熟悉不过的空间环境，只要我们多留心思去结合理论分析和探究相关的知识，那样，学习这门课会变得轻松很多，认知的东西也会变得深刻和生动起来。笔者写这本书的根本出发点是想把自己在实际设计工作中的经验与大家一起交流分享，希望通过自己的拙笔阐述给广大爱好室内设计工作的朋友做一个方向性参照作用，同时也结合这些年来在工作中带的一些无基础和有基础的学生在学室内设计专业中得到显著效果的方法和技巧做一个总结。

在撰写这本书的过程中，材料、手稿、作品等需要自己亲自去绘制、设计、整理和排版，力求把个人想表达的内容清晰地表达出来，耗费了不少的时间和精力，遇到不少的困难，在这个过程中，很感谢来自北京、上海、广州、深圳、香港、澳门、中山、佛山、杭州以及新加坡、首尔、釜山、东京等城市的设计同行朋友和前辈们的鼓励和支持，感谢国内几所高校的领导和教师们的帮助，他们在此书中给了很多宝贵的意见。由于本人的能力有限，本书在描述中可能存在不少问题，欢迎大家能给出更多、更好的修改建议，笔者真心期望这本书能真正帮助室内设计爱好者学到知识，找到更适合个人学习的方法和技巧，通过室内设计专业技术更好地服务社会，奉献社会，不断实现自身的社会职责和价值。

著者

2023年9月